Excel VBAで
本当に大切な
アイデアと
テクニックだけ
集めました。

大村あつし
Atsushi Omura

技術評論社

- 本書に登場する製品名などは、一般に各社の登録商標、または商標です。本文中に™、®マークなどはとくに明記しておりません。
- 本書は情報の提供のみを目的としています。本書の運用は、お客様ご自身の責任と判断によって行ってください。本書に掲載されているサンプルマクロの実行によって万一損害等が発生した場合でも、筆者および技術評論社は一切の責任を負いかねます。
- 本書で紹介しているサンプルマクロやサンプルのExcelファイル、テキストファイルは、技術評論社のWebサイト（https://gihyo.jp/book/2019/978-4-297-10575-4）からダウンロードできます。

まえがき

悪い読者はいない。説明不足の解説書があるだけ。

　まるで、映画『ビリギャル』のセリフのようですが、もしいまあなたが、「Excel VBAの解説書」を1冊読んだのに「思うようにマクロが作れない」と嘆いていたとしても、ご自身を責める必要はまったくありません。

　書き手の自己弁護ではありませんが、そもそも1冊の本でExcel VBAのすべてを解説するのはページ数などの諸事情で不可能です。すなわち、「マクロが作れない」のはある意味当然であり、あなたは決して「悪い読者」ではありません。

　確かに「一を聞いて十を知る」センス抜群の人もいないことはありませんが、通常、入門書は文法などの概念の説明によって「知識」を習得するもので、それを具現化する「アイデア」となりますと、また異なる能力が要求されます。

　すなわち、**「知識はあってもアイデアがなければマクロは作れない」**のです。

　そして、そこに目をつけた「リファレンス本」「逆引き本」が多数出版されていますが、本書も同様の「リファレンス本」と思われるかもしれません。

　しかし、類書とは明白に一線を画しています。通常のリファレンス本のようにマクロコードを提示しておしまい、ではなく、**本書では「なぜそのようなマクロになるのか」を丁寧に解説し**、また、逆引き的観点では無関係でも、「ここで覚えておくべき」という派生テクニックまでしっかりとカバーしています。そうした意味では、本書はステップアップ式の解説書に近いといってもよいでしょう。

　ぜひとも本書を頼ってください。**必ずやあなたの「知識」は「アイデア」となり、さまざまなマクロが作れるようになるはずです。**

　本書が、みなさまにとっての駆け込み寺のような存在になれば、著者としてこれ以上の喜びはありません。

令和の始まりまであとわずかとなったとある日
大村あつし

本書の使い方 ❶ リファレンス本 としての利用法

　私はExcel VBAの本は30冊以上出版していますが、本書はもっとも執筆に時間を要した解説書になります。

　その理由ですが、当初は本書を「リファレンス本」「逆引き本」として完成させるために、まず私は、世のExcel VBAユーザーがどのようなマクロが作れなくてつまずいているのか、その分析を徹底的に行いました。

　私は2015年6月から「Excel VBAテクニック集」というブログを運営してきましたので、まずはそのブログのアクセス分析を徹底的に行いました。そして、自分自身予想もしていなかった結果に大いに驚きました。

　たとえばですが、「フィルター」(VBAではAutoFilterメソッド) などはマクロ記録でも作れますので、初歩中の初歩と考え、私も自著ではあまり解説をした記憶がありません。

　しかし、この「フィルター」のアクセス数が突出しているのです。これは言い換えれば、AutoFilterメソッドを使いこなせないユーザーが多数いることを意味します。

　このように、「書き手目線」ではなくあくまでも「ユーザー目線」で、どのような解説書が必要とされているのか、数カ月かけて構成を練り上げました。

　ですから、たとえばいま話題にした「AutoFilterメソッドがよくわからない」という人は、いきなり「Part 2」をお読みいただいても一向にかまいません。

　同様に、「イベントプロシージャがさっぱりわからない」という人は「Part 5」を、「ユーザーフォームに苦手意識がある」という人は「Part 7」というように、無理に「Part 1」から順番に読む必要はありません。

　これが、本書が「リファレンス的な要素を持った本」である理由ですが、このあと述べるように、本書は、実はほかのリファレンス本とは違うステップアップ式の「チュートリアル本」の側面もあわせ持っています。

本書の使い方 ❷ チュートリアル本としての利用法

　目次をご覧いただくとおわかりのとおり、本書は「オブジェクト別」とか「メソッド別」といった分類ではなく、あくまでも「業務で使用されるシーンを想定して」Part分けを行っています。

　だからこそ、一見すると「リファレンス本」のように感じるかもしれませんが、実は限りなくステップアップ式の「チュートリアル本」に近い解説書です。

　その理由ですが、まず本書では、サンプルマクロを提示するだけでなく、「なぜそのようなマクロになるのか」、また、「このマクロを作るときの注意点」などに相当深く言及しています。

　これは、「チュートリアル本」の解説手法です。

　また、「Part 2」はAutoFilterメソッドの解説ですが、実はここで「動的配列」という高度なテクニックもあわせて解説しています。

　すなわち、「AutoFilterメソッドと動的配列で上級マクロが作れるならば、理解するのが困難な動的配列を、AutoFilterメソッドをサンプルに理解していただこう」というわけです。

　私もすべてのExcel VBAの本を読破しているわけではありませんが、はたして「AutoFilterメソッドのPartで動的配列を丁寧に解説している」書籍があるでしょうか？　もしないのであれば、本書がオリジナル路線を行く解説書であることがおわかりいただけると思います。

　そして、このように「業務シーン別に分類しつつも、派生知識や派生テクニックをカバーして解説している」という点においても、本書はより「チュートリアルに近い本」といえると思います。

　いずれにしましても、ご自身の目的に応じて、リファレンス本として、もしくはチュートリアル本として存分に活用してください。

　最後に、本書で紹介しているサンプルマクロやサンプルのExcelファイル、テキストファイルは、技術評論社のWebサイト（https://gihyo.jp/book/2019/978-4-297-10575-4）からダウンロードできます。サンプルファイルを使って自在に手を動かしてみてください。

CONTENTS

Part 1

初中級者のつまずきに効く
お助けテクニック

Part 1で身につけること 18

「知識」と「アイデア」は別もの··18

セルを操作するテクニック 20

セルの値が空白かどうかを判定する································20

セルの値を空白にする··23

すべてのセルを選択する··25

日付に変換されてしまう値を文字列として入力する··········26

「次のデータを書き込むセル」を選択する························28

セルの文字列内の空白をすべて削除する··························33

変数に代入された文字列内の空白をすべて削除する··········34

オブジェクトが描画されている左上と右下のセルを取得する·····37

データを検索するテクニック 39

MATCH関数で完全に一致するデータを検索する················39

VLOOKUP関数で完全に一致するデータを検索する············41

重複データを削除するテクニック 44

RemoveDuplicatesメソッドで重複データを削除する············44

ループ処理で重複データを削除する································46

セルの値を判定するテクニック 50

セルの値が数値かどうかを判定する································50

セルの値が日付かどうかを判定する································51

6

セルの値が文字列かどうかを判定する ⋯⋯⋯⋯⋯⋯⋯⋯⋯⋯⋯⋯⋯⋯ **52**

セルの数式がエラーかどうかを判定する ⋯⋯⋯⋯⋯⋯⋯⋯⋯⋯⋯⋯ **54**

日付に関するテクニック　56

分割された年月日を1つの年月日に結合する ⋯⋯⋯⋯⋯⋯⋯⋯⋯ **56**

特定の日付から年月日や時分秒を取り出す ⋯⋯⋯⋯⋯⋯⋯⋯⋯⋯ **58**

月の最終日を取得する ⋯⋯⋯⋯⋯⋯⋯⋯⋯⋯⋯⋯⋯⋯⋯⋯⋯⋯⋯⋯⋯⋯ **59**

2つの日付の間の日数や年数を取得する ⋯⋯⋯⋯⋯⋯⋯⋯⋯⋯⋯⋯ **63**

20日後や4カ月前の日付を取得する ⋯⋯⋯⋯⋯⋯⋯⋯⋯⋯⋯⋯⋯⋯ **65**

Findメソッドを極めるテクニック　67

任意の文字列が入力されているセルを1つ取得する ⋯⋯⋯⋯ **67**

任意の文字列が入力されているセルをすべて取得する ⋯⋯ **71**

「数式の結果」ではなく「数式そのもの」を検索する ⋯⋯⋯⋯ **73**

そのほかのテクニック　76

MsgBox関数で文字列と変数を連結する ⋯⋯⋯⋯⋯⋯⋯⋯⋯⋯⋯⋯ **76**

Workbook_Openイベントプロシージャを実行させないでブックを開く **78**

数式の再計算を一時的に止める ⋯⋯⋯⋯⋯⋯⋯⋯⋯⋯⋯⋯⋯⋯⋯⋯ **80**

Part 2

フィルターを制す者がマクロを制す
データベーステクニック

Part 2で身につけること　84

フィルターで抽出したデータをどうするか ⋯⋯⋯⋯⋯⋯⋯⋯⋯⋯ **85**

フィルターの初級テクニック　86

フィルターで抽出する ……………………………………………………… **86**

フィルターで空白のセルを抽出する …………………………………… **88**

フィルターでトップ10や上位10%のデータを抽出する ……………… **89**

フィルターで複数の条件で抽出する …………………………………… **91**

フィルターでデータが抽出されているかどうかを判定する ………… **94**

フィルターで特定期間のデータを抽出する …………………………… **95**

フィルターで今週や今月のデータを抽出する ………………………… **97**

フィルターを解除せずに全データを表示する ……………………… **101**

フィルターで抽出されたデータをコピーする ……………………… **102**
（抽出されなかったデータを削除する）

フィルターの上級テクニック　104

フィルターで特定の文字を含む／含まないデータを抽出する …… **104**

フィルターで数字の末尾をもとに抽出する …………………………… **105**

フィルターで「あ行」のデータを抽出する …………………………… **107**

フィルターの抽出結果のみを集計する ………………………………… **112**

フィルターで抽出したデータ件数を取得する ……………………… **114**

Part 3

マクロ開発時に意外に思いつかない
アイデアテクニック

Part 3で身につけること　118

［選択オプション］ダイアログボックスをVBAで使いこなす ……… **118**

ウィンドウ操作テクニックでマクロの結果の見栄えをよくする …… **119**

第5節こそアイデアマクロの真骨頂 …………………………………… **119**

SpecialCellsメソッドを簡単に使うテクニック　120

数式の保護、数値、文字列、可視セル、エラーのセルの操作 120

空白セルの行を削除する 123

ウィンドウを操作するテクニック 125

ウィンドウ内に表示されているセル範囲を取得する 125

スクロール範囲を制限する（スクロールエリア） 127

アクティブセルを画面の左上に表示する 129

任意のセル範囲を画面いっぱいに表示する 131

ブックとシートを操作するテクニック 134

現在実行中のマクロが記述されているブックを操作する 134

ブックの変更を保存せずにExcelを終了する 136

ユーザーが再表示できないようにシートを非表示にする 138

連番でワークシートを複数作成する 139

セルの応用テクニック 141

セルに名前を定義する 141

セルの名前をすべて削除する 142

特定の値を含むセルに色を付ける 144

一時的にソートしてからもとに戻す 145

For...Nextステートメントのアイデアテクニック 148

1行おきにセルに背景色を塗る 148

1行おきに行を挿入する 150

5行おきに罫線を引く 152

Part 4

個人用マクロブックとショートカットキーの
省力快適テクニック

Part 4で身につけること　156

まずは個人用マクロブックについて ································· 156

使い勝手を決めるのはショートカットキー ···················· 157

マクロを個人用マクロブックのショートカットキーに登録する方法　158

個人用マクロブックを作成する ································· 158

個人用マクロブックの場所を調べて削除する ···················· 160

マクロをショートカットキーに登録する ························ 164

表示を切り替えるマクロ　166

数式の表示／非表示を切り替える ································ 166

セルの目盛線（枠線）の表示／非表示を切り替える ················ 168

数式バーの表示／非表示を切り替える ···························· 168

ステータスバーの表示／非表示を切り替える ···················· 169

ふりがなの表示／非表示を切り替える ···························· 170

改ページ区切り線の表示／非表示を切り替える ···················· 172

Part 5

操作をすると勝手にマクロが実行される
自動化テクニック

Part 5で身につけること　174

イベントプロシージャの基礎から ……………………………………………… **174**
ブックのイベントプロシージャとシートのイベントプロシージャ ……… **175**

イベントプロシージャの作成方法　176

イベントプロシージャとは？ ………………………………………………… **176**
イベントプロシージャを作成・体験する ………………………………… **177**
イベントプロシージャの仕組み ……………………………………………… **180**

ブックのイベント　183

ブックのイベントの種類 ……………………………………………………… **183**
新しいシートを作成したときにマクロを実行する ……………………… **185**
ブックを印刷できないようにする ………………………………………… **186**
ブックを閉じられないようにする ………………………………………… **190**

シートのイベント　192

シートのイベントの種類 ……………………………………………………… **192**
シートをアクティブにしたときに発生するイベント ………………… **193**
セルの値が変更されたときにマクロを自動実行する ………………… **197**
方向キーを押しても特定のセルが選択できないようにする ………… **200**
セルをダブルクリックしたときにマクロを自動実行する …………… **202**
セルを右クリックしたときにマクロを自動実行する ………………… **204**

Part 6

待ち時間が劇的に少なくなる
マクロの処理高速化テクニック

Part 6で身につけること　208

ワークシート関数を使うほうが簡単で、速い ………………………… **209**

11

CONTENTS

　　2次元配列はこわくない ……………………………………… **209**

VBAでワークシート関数を使うテクニック　**210**

　　最終セルの下にSUM関数で合計値を入力する ………………… **210**

　　条件に一致するセルの数値をSUMIF関数で合計する …………… **212**

　　文字列の一部が一致する個数をCOUNTIF関数で取得する ……… **215**

バリアント型変数に関するテクニック　**217**

　　2次元配列の基本的な使い方 …………………………………… **217**

　　2次元配列の要素をワークシートに展開する …………………… **219**

　　セル範囲の値をバリアント型変数に代入する …………………… **221**

Part 7

これであなたも立派な開発者
ユーザーフォームテクニック

Part 7で身につけること　**228**

　　まず学ぶべきはユーザーフォーム …………………………………… **228**

　　コマンドボタンとテキストボックス …………………………………… **229**

　　選択を行うコントロール ………………………………………………… **229**

　　おなじみのスクロールバーを自作する ……………………………… **229**

ユーザーフォームを操作するテクニック　**230**

　　ユーザーフォームを追加してコントロールを配置する ……………… **230**

　　ユーザーフォームを2パターンの方法で表示する ………………… **235**

　　ユーザーフォームを2パターンの方法で閉じる …………………… **236**

基本的な入力や表示を行うコントロール　**237**

コマンドボタンが押されたときに処理を行う ⸺ **237**

既定のボタンとキャンセルボタン ⸺ **239**

テキストボックスに入力できる文字数を制限する ⸺ **242**

テキストボックスの文字列を取得／設定する ⸺ **243**

テキストボックスのIMEを自動的に切り替える ⸺ **245**

テキストボックスで文字を隠してパスワードを入力する ⸺ **246**

テキストボックスで複数行の入力を可能にする ⸺ **247**

テキストボックスに入力された文字をチェックする ⸺ **248**

タブオーダーを変更する ⸺ **250**

選択を行うコントロール **253**

チェックボックスの状態を取得する ⸺ **253**

リストボックスに表示する項目を設定する ⸺ **255**

リストボックスで選択されている項目を取得する ⸺ **258**

リストボックスで任意の行をリストの先頭に表示する ⸺ **260**

リストボックスで複数行を選択可能にする ⸺ **261**

コンボボックスの項目の追加や削除をマクロで行う ⸺ **265**

数値を扱うコントロール **268**

スクロールバーの値の取得と設定を行う ⸺ **268**

スクロールバーの移動幅を設定する ⸺ **270**

Part 8

Excel以外のファイルを自在に操る
外部ファイルの操作テクニック

Part 8で身につけること **274**

Excelブックを開いてテキストファイルを読み込む ⸺ **274**

Excelブックを開かずにテキストファイルを読み込む（書き込む）……… **275**
Excelに用意されているダイアログボックスと外部ファイルの操作……… **275**

フォルダーとダイアログボックスを操作するテクニック **276**

Excelの組み込みダイアログボックスを開く ……………………………… **276**
初期値を変更して［印刷］ダイアログボックスを開く …………………… **277**
ブックを選択するダイアログボックスを開く ……………………………… **278**
ブックを保存するダイアログボックスを開く ……………………………… **282**
フォルダーを選択するダイアログボックスを開く ………………………… **283**

テキストファイルを操作するテクニック **286**

テキストファイルを手動で開く ……………………………………………… **286**
カンマ区切り（CSV形式）のテキストファイルを開く ………………… **292**
数値データを文字列として取り込む ……………………………………… **294**
必要な列のデータのみを読み込む ………………………………………… **298**

ブックを開かずにテキストファイルの入出力を行うテクニック **300**

CSV形式のテキストファイルを読み込む ………………………………… **300**
文書形式のテキストファイルを読み込む ………………………………… **305**
ワークシートの内容をCSV形式で保存する ……………………………… **307**
ワークシートの内容を文書形式で保存する ……………………………… **312**

ファイルを操作するステートメントと関数 **315**

フォルダー内のファイルを削除する ……………………………………… **315**
フォルダー内のファイルを複数検索する ………………………………… **317**

Part 9

初中級者を卒業
VBA上級テクニック

Part 9で身につけること 322

サブルーチンでマクロを部品化する ⸺⸺⸺⸺⸺⸺⸺⸺⸺⸺⸺⸺ **322**

サブルーチンの上級テクニックである値渡し ⸺⸺⸺⸺⸺⸺⸺⸺⸺ **323**

エラー処理 ⸺⸺⸺⸺⸺⸺⸺⸺⸺⸺⸺⸺⸺⸺⸺⸺⸺⸺⸺⸺⸺ **323**

引数付きでマクロを呼び出す 324

引数付きサブルーチンを体験する ⸺⸺⸺⸺⸺⸺⸺⸺⸺⸺⸺⸺⸺ **324**

Callステートメントでマクロの呼び出しを明示する ⸺⸺⸺⸺⸺ **330**

ほかのモジュールにあるマクロを呼び出せなくする ⸺⸺⸺⸺⸺ **332**

参照渡しと値渡し 335

参照渡しで引数を渡す－ByRefキーワード－ ⸺⸺⸺⸺⸺⸺⸺⸺ **335**

値渡しで引数を渡す－ByValキーワード－ ⸺⸺⸺⸺⸺⸺⸺⸺⸺ **337**

実引数をカッコで囲むと値渡しとなる ⸺⸺⸺⸺⸺⸺⸺⸺⸺⸺⸺ **340**

マクロを強制終了する ⸺⸺⸺⸺⸺⸺⸺⸺⸺⸺⸺⸺⸺⸺⸺⸺⸺ **342**

エラーを適切に処理する 345

「エラーのトラップ」でエラーが発生した場合に備える ⸺⸺⸺ **345**

エラー番号とエラー内容を調べる ⸺⸺⸺⸺⸺⸺⸺⸺⸺⸺⸺⸺⸺ **354**

エラーの種類によって処理を分岐する ⸺⸺⸺⸺⸺⸺⸺⸺⸺⸺⸺ **357**

15

Part

1

初中級者のつまずきに効く

お助け
テクニック

Part 1で身につけること

　本書では、最低1冊は「Excel VBAの解説書」を読破し、その内容を理解している人を「初中級者」と位置づけています。そして、まだ1冊も「Excel VBAの解説書」を読んでいない人は「入門者」との位置づけです。

　しかし、たとえ「入門書」を卒業した「初中級者」といえども、作れないマクロは確実に存在します。

　当たり前の話ですが、たとえば、最初に手に取った「入門書」でユーザーフォームやイベントプロシージャの解説が一切なければ、そうしたことに関連するマクロは作れません。

　それならばと、インターネットでイベントプロシージャのマクロを探して、それを「標準モジュール」にコピペしても、そのマクロは動きません。

　これは、そもそも「知識がない」ケースですが、それよりも多くの人の頭を悩ませているのは、「マクロを作る知識は持っている。しかし、どのようなコードを書いたらいいのかがわからない」というケースではないでしょうか。

「知識」と「アイデア」は別もの

　本書では、p.152で「5行おきに罫線を引く」というテクニックを紹介していますが、これに類するようなテクニックは、実に多くのユーザーを悩ませています。

　それは、以前の私も例外ではありませんでした。まだ、テクニカルライターになる前の専業開発者だった頃の話ですが、「5行おきに罫線を引くということは、For…Nextステートメントの繰り返し処理だな。あとは、5で除算でもしてループ回数を求めるだけか」と、取引先の要望を安請け合いしたはいいものの、いざマクロを作ろうと思ってもコードが頭に浮かばないのです。

　もちろん、最終的には作れたわけですが、カギを握っていたのは「小数点以下を切り捨てて除算する¥演算子」でした。

18

では、私は¥演算子すら知らなかったのか。そんなことはありません。もちろん「知識」としては知っていました。しかし、それまで使ったことがなかったので、¥演算子がどのようなケースで役に立つのか、その「アイデア」が思い浮かばなかったのです。

Part 1では（というよりも、本書全般を通していえることですが）、「知識」と「アイデア」は別ものという観点で、多くのVBAユーザーがつまずいているテクニックを中心に紹介します。

ちなみに、「知識」は試行錯誤を繰り返せば「アイデア」になりますが、私のような専業開発者だった人間はそうした時間が十分にあったものの、多忙を極めている人は、「アイデア」を見て「なるほど」と納得してしまうのがもっともてっとり早く、また理想だと考えます。
　そして、一度マクロを作ったら、その「アイデア」を「知識」にしてしまうのです。人間は、理解したら、「理解していない状態」には戻れないという不可逆的な性質を持っていますので、試行錯誤の手間は省いて（そもそも、そのために本書が存在します）、Part 1を読みながら有用な「アイデア」をどんどん「知識」にしてしまってください。

Part 1は次の7節からなります。

● セルを操作するテクニック
● データを検索するテクニック
● 重複データを削除するテクニック
● セルの値を判定するテクニック
● 日付に関するテクニック
● Findメソッドを極めるテクニック
● そのほかのテクニック

では、とっておきのアイデアテクニックを一緒に学んでいくことにしましょう。

セルを操作するテクニック

セルの値が空白かどうかを判定する

マクロを作っていると、「セルの値が空白かどうか？」を判定しなければならないケースに頻繁に直面します。まずは、この王道テクニックから紹介することにしましょう。

（ポイント）**Value プロパティで長さ0の文字列（""）を判定する**

私は、2015年6月から、「選りすぐりのVBAテクニック」を自分のブログで約130個紹介してきました。おかげさまで、このブログは現在、人気ブログになっています。

さて、それから何年も経過しましたが、常にアクセス数でダントツ1位に輝いているのが、「セルの値が空白かどうかを判定する」テクニックです。

このテクニックは、知っている人にとっては初歩中の初歩で、VBAを学習し始めて真っ先に習得した人も少なくないように思います。

また、先のブログのアクセス数分析を受けて、私は自分が執筆する書籍では必ずこのテクニックを解説するようにしています。

ところが、ネットを見ていると、「セルの値が空白かどうかを判定する」ためのテクニックとして、とても気になるステートメントが2つほどヒットします。

1つは、次のステートメントです。

✕ 使うべきではないステートメント

```
If IsEmpty(Range("A1").Value) = True Then MsgBox "空白です"
```

これは、セルA1の値が空白かどうかをIsEmpty関数で判定し、結果が

「True」なら空白とみなしています。

そして、もう1つの気になるテクニックが次のステートメントです。

✕　使うべきではないステートメント

```
If Len(Range("A1").Value) = 0 Then MsgBox "空白です"
```

これは、セルA1の文字列の長さをLen関数で判定し、文字列の長さが「0」なら空白とみなしています。

どちらのテクニックも間違いとはいいませんが、「限りなく間違い」といわざるを得ません。

また、なぜ私はこの2つのテクニックが「気になる」のか。それは、なにを隠そう、どちらもマイクロソフトのサポートページに掲載されているからです。

これはマイクロソフトだけの話ではありませんが、サポートページに書かれていることが常に正しい、もしくは、常に理想的な回答だとは限りません。実際に、サポートセンターに問い合わせて、ほしい回答が得られなかった経験をお持ちの人は少なくないのではないでしょうか。

では、この「限りなく間違っているテクニック」のことは忘れて、正解を示します。

セルの値が空白かどうかは、Value プロパティを使って、セルの値が「長さ0の文字列（""）」かどうかを判定するだけでOKです。

次のマクロは、セルA1が空白かどうかを判定するもので、これが正解になります。

セルを操作するテクニック

事例1_1　セルの値が空白かどうかを判定する
〔1-A.xlsm〕Module1

```
Sub 事例1_1()
    If Range("A1").Value = "" Then
        MsgBox "空白です"
    Else
        MsgBox "空白ではありません"
    End If
End Sub
```

〔1-A.xlsm〕の「Sheet1」でマクロを実行すると、図1-1のように「空白か、空白でないか」のメッセージボックスが表示されます。

図1-1

　さて、この単純なテクニックさえ覚えてしまえば、「セルA1が空白でなければメッセージを表示する」ステートメントも書けますね。
　そうです。「＝」の代わりに、<>演算子を次のように使えばOKです。

```
If Range("A1").Value <> "" Then MsgBox "空白ではありません"
```

セルの値を空白にする

「セルの値を空白にする」。これもマクロを作る上での頻出テクニックですが、前項のValueプロパティと「長さ0の文字列（""）」を理解していれば、難しいことはありません。

ポイント Valueプロパティ、長さ0の文字列（""）、
ClearContentsメソッド

今度は、「セルの値を空白にする」テクニックを紹介します。

ちなみに、これはマクロ記録でステートメントが作れますので、ご存じの人も多いようです。しかし、2つの方法がありますので、ここでは「その違い」を理解してください。

では、早速正解を見ていきましょう。まずは、1つ目のテクニックです。

事例1_2_1　セルの値を空白にする（1）
〔1-A.xlsm〕Module1

```
Sub 事例1_2_1()
    Range("A1").Value = ""
End Sub
```

これは、セルA1のValueプロパティに「長さ0の文字列（""）」を代入することで、セルA1のデータを消去しています。

このステートメントは、Excelの機能に置き換えると、 Delete キーでデータを消去する操作に相当します。

そして、もう1つのテクニックが次のマクロです。

事例1_2_2　セルの値を空白にする（2）
〔1-A.xlsm〕Module1

```
Sub 事例1_2_2()
    Range("A1").ClearContents
End Sub
```

このように、ClearContentsメソッドでもセルのデータを消去できます。
　また、ClearContentsメソッドを使ったほうが処理は高速で、このステートメントをExcelの機能に置き換えると、［数式と値のクリア］コマンドでデータを消去する操作に相当します。

　〔1-A.xlsm〕の「Sheet2」でマクロを実行すると、図1-2のようにセルA1の文字列が消去されます。

図1-2

　さて、もちろんどちらのテクニックを使っても個人の自由なのですが、PCの性能がこれほど向上した現在、数十万件もループする場合を除けば、ClearContentsメソッドのほうが処理が高速だと実感することはできません。

　そして、「セルの値が空白かどうかを判定する」ときにはValueプロパティを使いますので、私は「セルの値を空白にする」ときにも、Valueプロパティに「長さ0の文字列（""）」を代入してセルのデータを消去するようにしています。
　私は、ClearContentsメソッドは一切使いません。

すべてのセルを選択する

「すべてのセルを選択する」というテクニックは、ご存じの人には退屈となってしまいますが、私のブログを解析すると知らない人が少なくないようです。

ポイント Rangeプロパティではなく、Cellsプロパティを使う

Excelでは、[全セル選択]ボタンをクリックすると、ワークシートのすべてのセルが選択されます（図1-3）。

図1-3

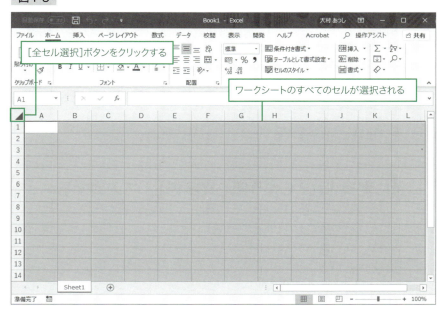

この操作をマクロ記録すると、「すべてのセルを選択する」にはCellsプロパティを使えばよいことがわかります。

セルを操作するテクニック

事例1_3 すべてのセルを選択する
〔1-A.xlsm〕Module1

```
Sub 事例1_3()
    Cells.Select
End Sub
```

実際に、〔1-A.xlsm〕の「Sheet3」で確認してください。

さて、もうおわかりだと思いますが、次のようなステートメントは絶対に書かないでください（Excel 2019の場合）。

× 間違ったステートメント

```
Range("A1:XFD1048576").Select
```

最後のセルとして「XFD列1048576行」を指定しているわけですが、最後のセルはExcelのバージョンによって違いますし、それ以前に、このステートメントがあまりに非効率であることは説明するまでもないでしょう。

日付に変換されてしまう値を文字列として入力する

たとえば、書類の「全5ページ中の3ページ」のようなときに「3/5」とセルに入力すると「3月5日」と日付に変換されてしまう、こうしたケースに対処する方法を解説します。

ポイント NumberFormatプロパティでセルの表示形式を「文字列」に設定する

セルに分数を入力する方法は意外なほど知られていなくて、「裏技」とまでいわれていますが、実はとても簡単です。「0_3/5」と入力すれば「3/5」（値は「0.6」）と入力されます。

このように実際に分数であればいいのですが、たとえば書類の「全5ページ中の3ページ」のようなときに「3/5」と表すこともあります。そして、セルに

「3/5」と入力すると、ご存じのとおり勝手に「3月5日」と日付に変換されてしまいます。これは、「3-5」と入力した場合も同様です。

こうした、勝手に日付に変換されてしまう値を文字列としてセルに入力するときには、接頭辞を付けて「'3/5」「'3-5」と入力すればよいことはよく知られていますが、この接頭辞を嫌う人も少なくありません。

こうしたケースでは、セルの表示形式を「文字列」に設定すれば、値が日付に変換されることはありません。

この操作をVBAで行っているのが次のマクロです。

留意してほしいのは、先にNumberFormatプロパティに「@」を設定してから値を代入している点です。

先にValueプロパティに値を代入すると、その瞬間に日付に変換されてしまいます。そのあとにNumberFormatプロパティに「@」を設定しても、日付がシリアル値に変換されて、そのシリアル値がセルに表示されることになりますので、「3/5」や「3-5」といった目的の値の入力はできません。

事例1_4　日付に変換されてしまう値を文字列として入力する
〔1-A.xlsm〕Module1

```vba
Sub 事例1_4()
    Range("A1").NumberFormat = "@"
    Range("A1").Value = "3/5"

    Range("A2").NumberFormat = "@"
    Range("A2").Value = "3-5"
End Sub
```

〔1-A.xlsm〕の「Sheet4」でマクロを実行すると、図1-4のように「3/5」と「3-5」と入力されます。

図1-4

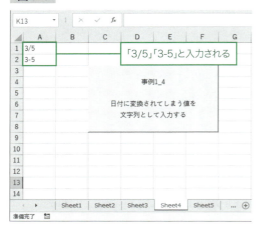

「次のデータを書き込むセル」を選択する

VBAでデータベースを扱う上での必須テクニックを説明します。「相対参照」という概念が出てきますが、慣れれば難しいことはなにもありません。

ポイント EndプロパティとOffsetプロパティで
セルを相対的に参照する

　マクロを作るさい、多くの場合は「Range("A1:D10")」のように記述しますが、こうしたセルの参照方法を「絶対参照」といいます。道案内にたとえるならば、「静岡県富士市○○町Ｘ-ＸＸ」と住所で特定してしまうイメージです。
　一方で、「この道を真っすぐ行って、2つ目の信号を左折して……」のような場所の特定方法は、「自分がいる場所を拠点とした相対的な位置」を示していますが、こうした参照方法を「相対参照」と呼びます。

　さて、あるセル範囲を基準に、相対的に移動して別のセル範囲を選択するときには、EndプロパティとOffsetプロパティを使用します。
　これはとくに、「データを書き込むマクロ」で、「次のデータ」を取得したいときに直面する問題です。図1-5でいうと、セルA9を取得するにはどのようなステートメントを記述すればよいのかということです。

この方法はいろいろあるのですが、そのうちの1つを紹介します。

図1-5

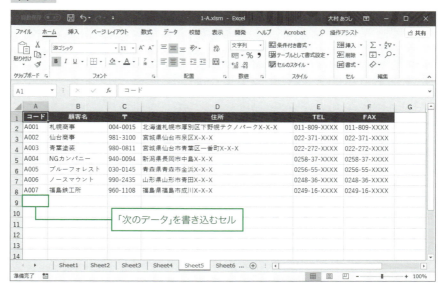

まず紹介するのは、起点となるセルをもとに、Endプロパティを利用するテクニックです。図1-5のデータベースであれば、セルA1を起点とした下方向の終端セルは、セルA8です。すなわち、次のステートメントでセルA8が選択されます。

```
Range("A1").End(xlDown).Select
```

もうお気づきの人もいると思いますが、このEndプロパティは、Excelのキー入力の Ctrl + 方向 キーと同じです。一覧にまとめると次のようになります。

キー入力	Endの引数
Ctrl + ↑	End(xlUp)
Ctrl + ↓	End(xlDown)
Ctrl + ←	End(xlToLeft)
Ctrl + →	End(xlToRight)

ONEPOINT 「End」というキーワード

ここで使っている「End」は、あくまでも「Endプロパティ」です。

VBAには「Endステートメント」というキーワードもあります。しかし、Endステートメントは、マクロの実行を強制的に終了してしまうもので、両者は似ても似つかないまったくの別ものですので注意してください。

なお、本書ではp.342でEndステートメントの解説をしています。

これで、セルA8が選択できますが、今回選択したいのは、さらにその1つ下のセルA9です。なぜなら、セルA9が「次のデータを書き込むセル」だからです。

そして、これをステートメントにすると、次のようになります。

```
Range("A1").End(xlDown).Offset(1, 0).Select
```

このステートメントでセルA9が選択されます。

このように、あるセル範囲を基準に、行と列を相対的に移動して別のセル範囲を選択するときには、Offsetプロパティを使用します。

この「相対的な移動」というのは、マクロ記録では作成できないステートメントですので、ぜひともこの機会に覚えてください。

このOffsetプロパティは、基準となるセルから移動する大きさを、次のように引数に指定します。

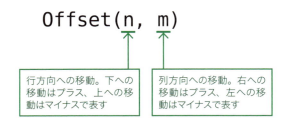

さて、一見正解のように思えるこのステートメントですが、話はもう少し複雑です。実は、いま紹介したステートメントは間違いなのです。

なぜなら、見出し行しかデータが入力されていない場合や（セルA2が空白の場合）、A列の途中に空白がある場合には、このステートメントでは対応できないからです。

たとえば、図1-6のケースで「Range("A1").End(xlDown).Offset(1, 0).Select」を実行すると、セルA5が空白なので、本来はセルA9を選択したいのに、セルA5が選択されてしまいます。

図1-6

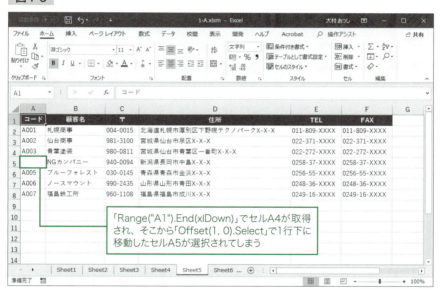

ですから、いかなる場合でも「最終行の1つ下のセル」を選択するためには、A列の最終セル（最下端のセル）から上に向かって終端セルを取得し、さらにその1つ下のセルが「次のデータを書き込むセル」と認識する方法が正解になります（図1-7）。

セルを操作するテクニック

図1-7

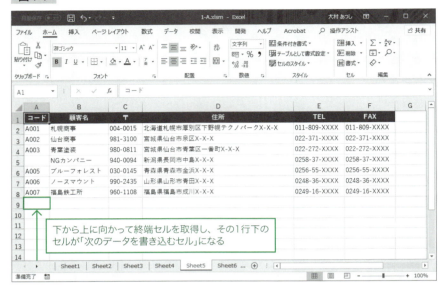

それをマクロにしたのが次のサンプルです。

事例1_5 「次のデータを書き込むセル」を選択する
〔1-A.xlsm〕Module1

```
Sub 事例1_5()
    Range("A" & Rows.Count).End(xlUp).Offset(1, 0).Select
End Sub
```

A列の最後のセル（ワークシートの最終行）はExcelのバージョンによって違います。そこで、「Rows.Count」と行数を数えることで、Excelのバージョンに依存しないA列の最後のセルが取得できます。

ちなみに、サンプルをExcel 2019で実行すると、「Range("A" & Rows.Count)」は、「Range("A1048576")」になります。

そこから「End(xlUp)」で上方向の終端セルを取得し、さらに「Offset(1, 0)」で1行下の「次のデータを書き込むセル」を取得しています。実際に、〔1-A.

xlsm〕の「Sheet5」でマクロを実行して、セルA9が選択されるのを確認してください。

なお、ここで使用している＆演算子は、「文字列連結演算子」と呼ばれるもので、本書ではp.76で詳細に解説しています。

セルの文字列内の空白をすべて削除する

文字列内の空白をすべて削除したい、というケースはよくありますので、2つのテクニックを紹介します。最初に紹介するのは、「セルの文字列」を対象にしたものです。

ポイント Replaceメソッドで「スペース」を「長さ0の文字列」に置き換える

特定のセル範囲に入力されている値の空白をすべて取り除きたい場合には、Replaceメソッドで「"␣"（スペース）」を「""（長さ0の文字列）」に置き換えます。

また、全角・半角を問わずに消去したい場合には、引数「MatchByte」を「False」に指定します。

それを実行しているのが次のマクロです。

事例1_6　セルの文字列内の空白をすべて削除する
〔1-A.xlsm〕Module1

```
Sub 事例1_6()
    Range("A2:A4").Replace _
        What:=" ", Replacement:="", LookAt:=xlPart,┐
                                    └→ MatchByte:=False
End Sub
```

〔1-A.xlsm〕の「Sheet6」でマクロを実行すると、図1-8のようにセルの文字列内の空白がすべて削除されるのが確認できます。

33

セルを操作するテクニック

図1-8

ONEPOINT **Trim関数、LTrim関数、RTrim関数**

文字列の左右の空白を削除したいときには、Trim関数を使うことができます。

また、文字列の左の空白を削除するときには、LTrim関数、文字列の右の空白を削除するときには、RTrim関数が使えます。

```
Range("A2").Value = Trim(Range("A2").Value)
Range("A3").Value = LTrim(Range("A3").Value)
Range("A4").Value = RTrim(Range("A4").Value)
```

変数に代入された文字列内の空白を すべて削除する

「文字列内の空白をすべて削除する」2つ目のテクニックは、対象が変数の場合です。このケースでは、ReplaceメソッドではなくReplace関数を使用します。

ポイント Replace関数で「スペース」を「長さ0の文字列」に置き換える

Replaceメソッドはセルに対して使うものですが、では、変数に代入された

文字列内の空白をすべて削除するときにはどうしたらよいのでしょう。

この場合にはReplace関数を使用します。

たとえば、半角の空白を削除したいときには、次のステートメントを実行します。

```
myHensu = Replace(myHensu, " ", "")
```

では、半角と全角のすべての空白を削除したいときにはどうしたらよいのでしょうか。

この場合は、単純にReplace関数を2回使うだけです。

次のマクロを実行すると、変数に代入された文字列内の空白はすべて削除されます。

事例1_7 変数に代入された文字列内の空白をすべて削除する
〔1-A.xlsm〕Module1

```
Sub 事例1_7()
    Dim myHensu As String

    myHensu = " 大 村 あ つ し "

    MsgBox myHensu

    myHensu = Replace(Replace(myHensu, " ", ""), " ", "")

    MsgBox myHensu
End Sub
```

〔1-A.xlsm〕の「Sheet7」でマクロを実行すると、変数に代入された文字列内の空白がすべて削除されるのがメッセージボックスで確認できます（図1-9）。

図1-9

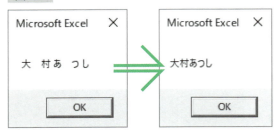

ONEPOINT **Replace関数で文字列を書き換える**

　VBA関数というと、小難しい構文を紹介するのが解説書のお約束のようになっています。そして、もちろんReplace関数にも構文があります。
　しかし、本書ではあえて構文を紹介しません。
　たとえばですが、「大村」を「山田」に書き換えたければ、構文など知らなくても、次のステートメントがすぐに思い浮かぶのではないでしょうか。

```
myHensu = Replace(myHensu, "大村", "山田")
```

　これだけわかっていれば十分だと思いますし、Replace関数の構文を覚えるのは逆効果だと私は考えます。
　なぜなら、構文の中には、通常は意識する必要のない（引数を省略しても問題のない）大文字と小文字の区別をしない「テキストモード」などの引数が登場し、平易なReplace関数が逆に難解なものになってしまうからです。

オブジェクトが描画されている
左上と右下のセルを取得する

オブジェクトが描画されている場所を取得するというのは、要望が多いわりにはあまり解説書では取り上げられないようです。ここでしっかりと理解してください。

ポイント Shapeオブジェクト、TopLeftCellプロパティと
BottomRightCellプロパティ

　グラフを図としてコピーしたい場合など、ワークシートのどのあたりにオブジェクトが描画されているのかを知りたいというケースはときどきあります。ちなみに、この場合の「オブジェクト」とは、オートシェイプ、図形、グラフ、フォームのコントロールなどで、すべてShapeオブジェクトとして扱うことが可能です。

　そして、Shapeオブジェクトには描画されている左上のセルを返すTopLeftCellプロパティと、右下のセルを返すBottomRightCellプロパティがありますので、この2つのプロパティを使えば、容易にオブジェクトが描画されているセル範囲を取得することができます。

　次のマクロは、ワークシート上のすべてのShapeオブジェクトの左上と右下のセルのアドレスをメッセージボックスに表示するものです。

事例1_8　オブジェクトが描画されている左上と右下のセルを取得する
〔1-A.xlsm〕Module1

```
Sub 事例1_8()
    Dim myShape As Shape

    For Each myShape In ActiveSheet.Shapes
        MsgBox "オブジェクトの左上のセル:" & myShape.TopLeftCell.Address _
            & vbCrLf & _
            "オブジェクトの右下のセル:" & myShape.BottomRightCell.Address
    Next myShape
End Sub
```

37

■ セルを操作するテクニック

〔1-A.xlsm〕の「Sheet8」でマクロを実行すると、Shapeオブジェクトが3個ありますので、図1-10のようにセルのアドレスが3回、メッセージボックスに表示されます。

図1-10

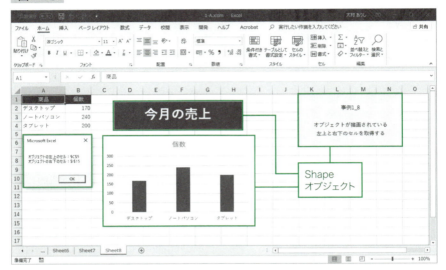

ちなみに、ワークシートに3個あるShapeオブジェクトとは、次の3つです。

❶「今月の売上」と書かれたテキストボックス
❷ 埋め込みグラフ
❸ マクロを実行するフォームコントロールのボタン

Part
1

初中級者のつまずきに効く[お助け]テクニック

データを検索するテクニック

MATCH関数で完全に一致するデータを検索する

VBAでは、Excelのワークシート関数もマクロ内で使うことができ、このテクニックを覚えると作成できるマクロの幅は大きく広がります。まずは、MATCH関数のケースを紹介します。

ポイント 「WorksheetFunction.Match」で
ExcelのMATCH関数を使用する

セルを検索するときの定番のコマンドはFindメソッドですが、そもそも、FindメソッドはVBAユーザー泣かせの「癖のある」コマンドです。ですから、本書では「Findメソッドを極めるテクニック」という節を用意しました。→p.67

値（数式の結果）を検索するのであれば、ワークシート関数のMATCH関数で検索することも可能です。

もちろん、Findメソッドはぜひともマスターしてもらいたいテクニックではありますが、苦手意識があるのであれば、MATCH関数を使うのも1つの選択肢でしょう。また、MATCH関数のほうがマクロの処理速度が高速という利点もあります。

MATCH関数は次の構文で使用します。

MATCH(検査値 , 検査範囲 , [照合の型])

[照合の型]の種類は次のとおりです。

照合の型	動作
1、または省略	検査値以下の最大の値を検索
0	検査値と等しい最初の値を検索
-1	検査値以上の最小の値を検索

39

データを検索するテクニック

　そして、該当するセルがないときには「#N/A」のエラーを返しますが、この場合、マクロの実行が中断してしまいますので、エラーをトラップする必要があります。

　本書では、エラーのトラップはp.345で解説していますので、ここでは「MATCH関数を使うさいには、On Error Resume NextステートメントとOn Error GoTo 0ステートメントで挟むのが作法」だと頭に入れておいてもらえば十分です。

　また、動作してしまうので勘違いしている人が多いのですが、VBAでExcelのワークシート関数を使用する場合には、Applicationオブジェクトに対してではなく、WorksheetFunctionオブジェクトに対して使用します。実は、両者には微妙な違いがあるのですが、それについてはp.42で言及しています。

　では、VBAでMATCH関数を使って値を検索するマクロをご覧ください。

事例1_9　MATCH関数で完全に一致するデータを検索する
〔1-B.xlsm〕Module1

```
Sub 事例1_9()
    Dim myRow As Long

    myRow = 0

    On Error Resume Next

    myRow = Application.WorksheetFunction.Match("大村", ⏎
                                    ↳ Range("A1:A10"), 0)

    On Error GoTo 0

    If myRow = 0 Then
        MsgBox "該当するセルはありません"
    Else
        Cells(myRow, 1).Select
    End If
End Sub
```

〔1-B.xlsm〕の「Sheet1」でマクロを実行すると、図1-11のように「大村」と入力されたセルが選択されます。

図 1-11

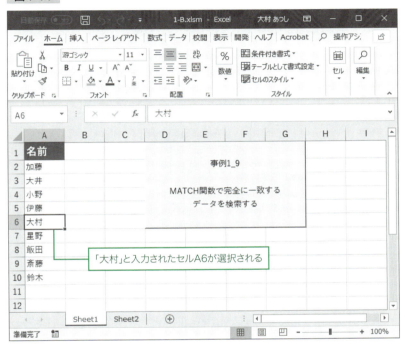

VLOOKUP関数で完全に一致するデータを検索する

前項に続いて、VBAでExcelのワークシート関数を使うテクニックです。今度は、VLOOKUP関数で完全に一致するデータを検索してみましょう。

ポイント 「WorksheetFunction.VLookup」で
ExcelのVLOOKUP関数を使用する

前項では、ワークシート関数のMATCH関数をVBAで使用する方法を解説しました。ワークシート関数には検索用関数がいくつかありますが、MATCH関数と並んでなじみの深いものはやはりVLOOKUP関数ではないでしょうか。

データを検索するテクニック

ここでは、図1-12のような表があるとして、B列の中から「大村」を検索し、その売上金額を取得してメッセージボックスに表示してみます。

図1-12

今回のケースでは留意点が2つあって、1つは、ここでは「大村」という文字列と完全に一致する値を検索しますので、VLOOKUP関数の第4引数の検索の型には必ず「False」を指定しなければなりません。

もう1つは、該当データがない場合、「Application.WorksheetFunction.VLookup」とした場合はマクロそのものがエラーとなり、「Application.VLookup」の場合はエラーが返されるという違いがあります。どちらにしても、エラーのトラップで対処が可能です。

エラーのトラップはp.345で解説していますので、ここではMATCH関数のときと同様に、「作法」「おまじない」程度の理解でも十分です。

では、VBAでVLOOKUP関数を使って値を検索するマクロをご覧ください。

Part
1

初中級者のつまずきに効く【お助け】テクニック

事例1_10　VLOOKUP関数で完全に一致するデータを検索する
〔1-B.xlsm〕Module1

```vba
Sub 事例1_10()
    Dim myName As String
    Dim myUriage As Long

    myName = "大村"

    On Error GoTo ErrHandle

    myUriage = Application.WorksheetFunction _
               .VLookup(myName, Range("B2:D10"), 3, False)

    On Error GoTo 0

    MsgBox myName & "の合計:" & myUriage

    Exit Sub

ErrHandle:
    MsgBox "該当データがありません"
End Sub
```

〔1-B.xlsm〕の「Sheet2」でマクロを実行して動作結果を確認してください。

　ちなみに、このマクロでは、該当データがあるときに（Application. WorksheetFunction.VLookupがエラーにならないときに）「該当データがありません」というメッセージを表示してしまわないように、その前にExit Subステートメントでマクロの実行を終了しています。

　このExit Subステートメントについてはp.342で解説していますので、ここでは、「マクロ内でVLOOKUP関数を使うときにはこのようにExit Subステートメントを使う」程度に理解しておけば十分です。

43

重複データを削除するテクニック

RemoveDuplicatesメソッドで
重複データを削除する

「重複データの削除」というのは、「データの検索」に匹敵するニーズの高いデータベーステクニックです。ここでは、Excel 2007以降の機能であるRemoveDuplicatesメソッドを紹介します。

ポイント RemoveDuplicatesメソッドを理解する

ここでは、いまも昔もVBAユーザーがネットでもっとも検索しているといわれる（私のExcel VBAブログでも常にアクセス数が上位です）、「重複データを削除する」マクロを紹介します。

まず、こんなことをいっては身も蓋もないのですが、「重複データを削除する」ためにわざわざマクロを作る必要はありません。なぜなら、Excel 2007以降であれば ［重複の削除］ コマンドがExcelにあるからです。

そして、Excelに ［重複の削除］ コマンドがあるのであれば、当然、VBAにもそれに準ずるメソッドがあります。それがRemoveDuplicatesメソッドです。

これは、拍子抜けするほど簡単なメソッドです。構文は次のとおりです。

```
範囲.RemoveDuplicates(Columns, Header)
```

RemoveDuplicatesメソッドは、「範囲」で指定したセル範囲の中で、引数「Columns」で列番号を指定して（A列なら「1」、B列なら「2」）、重複する値があればその行を削除します。引数「Header」には、先頭行が見出し行なら「xlYes」を指定します。

すなわち、セルA1:F16の範囲で、A列（1列目）の値が重複していたら重複行を削除するマクロは次のようになります。

44

事例1_11　RemoveDuplicatesメソッドで重複データを削除する
〔1-C.xlsm〕Module1

```
Sub 事例1_11()
    Range("A1:F16").RemoveDuplicates Columns:=1, Header:=xlYes
End Sub
```

　〔1-C.xlsm〕の「Sheet1」では、A列が15件中10件重複しているので、マクロを実行すると、図1-13のようにデータ件数が重複していない5件だけになります。

図1-13

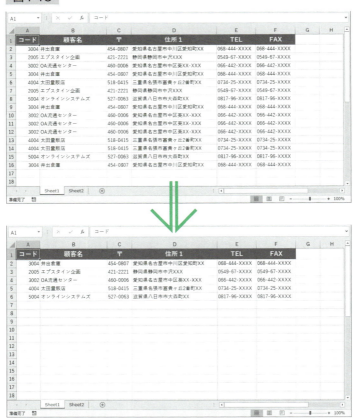

重複データを削除するテクニック

ループ処理で重複データを削除する

ここで取り上げる「重複データの削除」テクニックは、「知識はあってもアイデアがなければ作れないマクロ」ですので、勉強のつもりで取り組んでみてください。

ポイント Sort メソッドと、
カウンタ変数を減算するFor...Next ステートメント

重複データを削除するには、Excelの［重複の削除］コマンドを使えばいいだけの話ですが、実はここに大きな懸念があります。

というのも、Excel 2007の［重複の削除］コマンドには、正常に重複データを削除することができないというバグがありました。

そして、私は直面したことがないのですが、Excel 2010でもこのバグは修正されなかったという話をよく耳にします。すなわち、安心して使用できるのはExcel 2013以降ということになります。

もちろん、マイクロソフトもバグを修正するパッチを配布していますが、少なくともいまから紹介するテクニックを知っている私は、［重複の削除］コマンド、VBAのRemoveDuplicatesメソッドの使用には慎重な立場です。

もっとも、ここは個人の考え方の違いですので、先ほどのRemoveDuplicatesメソッドを使用することを推奨しないというわけではありませんが、いずれにしてもこれから取り上げるテクニックは、ループ処理を使ったアイデアとして、みなさんのスキルアップに確実につながると思います。

なによりも、Excelのバージョンの影響をまったく受けないので、Excel 2000でさえ動作するのが魅力です。

では、その解説をしましょう。ちなみに、解説中に出てくる❶、❷などの数字は、このあと紹介するマクロ「事例1_12」のステートメントに対応していますので、マクロ「事例1_12」を見ながら解説を読み進めてください。

今回のマクロは、A列のセルを対象に、重複するデータを削除します。
そして、まずはじめにデータを並べ替えます（❶）。この処理では、重複デー

タが上下の行で隣り合っていなければ、重複データを削除できないからです。

　また、VBAであっても、Excelのソートを実行するわけですから、データ件数にもよりますが画面がちらつきます。このちらつきは今回の処理にはまったく不要なもので、しかも、画面がちらつくとマクロの処理速度も大幅に落ちます。そこで、ソート中に画面がちらつかないように、ApplicationオブジェクトのScreenUpdatingプロパティに「False」を代入しています（❷）。

　これで、画面は固定のままで（このことを「画面更新の抑止」といいます）、バックグラウンドでソートが行われます。また、行を削除するときに起きる画面のちらつきも抑止されます。

　このマクロでは、下から順にデータを調べて、そのデータが1つ上のデータと重複していたら削除を行います（❸）。そのため、カウンタ変数を減少させながらループすることになります。このようなFor...Nextステートメントの使い方をしたことがない人は、ここでしっかりと覚えてください。

　なお、ループの終了が3行目となり（❹）、1行目と2行目のデータが重複しているかどうかの比較を行っていないのは、1行目を見出し行と想定しているためです。1行目が見出し行なら2行目のデータと重複するはずはなく、また、2行目のデータは必ず残しますので、3行目がループの最終行になるわけです。

　では、以上のことを念頭にマクロを見てください。

事例1_12　ループ処理で重複データを削除する
〔1-C.xlsm〕Module1

```
Sub 事例1_12()
    Dim myLastLow As Long
    Dim r As Long
    Dim i As Long

    Application.ScreenUpdating = False                    ──── ❷

    Range("A1").Sort Key1:=Range("A1"),
              ↳ Order1:=xlAscending, Header:=xlGuess ──── ❶

    r = ActiveSheet.Rows.Count
```

重複データを削除するテクニック

```
    myLastLow = Cells(r, 1).End(xlUp).Row

    For i = myLastLow To 3 Step -1                    ――❹
        If Cells(i, 1).Value = Cells(i - 1, 1).Value Then
            Cells(i, 1).EntireRow.Delete              ――❸
        End If
    Next i

    Application.ScreenUpdating = True                 ――❺
End Sub
```

〔1-C.xlsm〕の「Sheet2」では、図1-14の左側のようにA列が15件中10件重複しているので、マクロを実行すると、右側のようにデータ件数が重複していない5件だけになります。

また、このときにA列が昇順でソートされている点にも注目してください。

図1-14

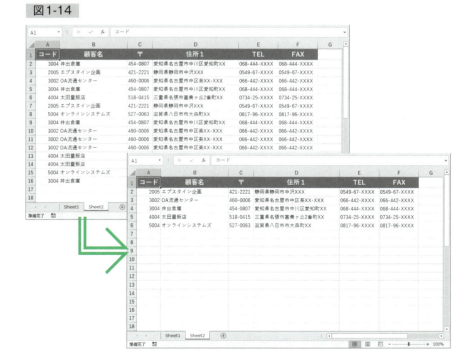

Part 1 初中級者のつまずきに効く【お助け】テクニック

(ONEPOINT) **ScreenUpdating プロパティの値を「True」に戻す**

　今回紹介したマクロで登場するScreenUpdatingプロパティの既定値は「True」です。そこで、最後の❺でScreenUpdatingプロパティの値を既定値の「True」に戻しています。

　ただし、ScreenUpdatingプロパティの値は、マクロの実行が終われば自動的に「True」に戻りますので、❺のようなステートメントを書く必要はないと主張する人もいます。

　もちろん、私はこの考えを否定しません。しかし、以前はScreenUpdatingプロパティに「False」を代入したら、マクロの実行が終わっても既定値には戻らずに「False」のままでした。そして、そのことを知らなかった多くのVBAユーザーが原因がわからずに苦しみました。VBAのバグだと勘違いした人も多くいたことでしょう。

　そこで、こんな想像をしてみてください。

　もし、ExcelのバージョンアップによってVBAの仕様が、ScreenUpdatingプロパティがマクロが終了しても自動的に「True」に戻らないように変更されてしまったら……。

　こんな事態が発生したら、ScreenUpdatingプロパティを使っている「昔のマクロ」をすべて探し出し、自分で「True」に戻すステートメントを書き加えなければなりません。

　少なくとも私は、そんな作業はしたくありませんので、ScreenUpdatingプロパティに「False」を代入したら、必ず「True」に戻すステートメントを最後に書くようにしています。

　ちなみに、p.79で登場するEnableEventsプロパティも、同様の理由で、私は最後に必ず「True」に戻します。

　もっとも、ここは好みの問題でもありますので、あとはご自身で判断してルール作りをしてください。

49

セルの値を判定するテクニック

セルの値が数値かどうかを判定する

セルの値が数値かどうかを判定するときにはIsNumeric関数を使用します。解説の必要もないほど簡単なテクニックですが、ここで確実に覚えてください。

ポイント IsNumeric関数でセルの値を判定する

セルの値が数値かどうかを判定するときにはIsNumeric関数を使用します。IsNumeric関数は、引数の値が数値なら「True」を、数値でなければ「False」を返します。

事例1_13　セルの値が数値かどうかを判定する
　　　　　　〔1-D.xlsm〕Module1

```
Sub 事例1_13()
    If IsNumeric(Range("A1").Value) = True Then
        MsgBox "セルの値は数値です"
    Else
        MsgBox "セルの値は数値ではありません"
    End If
End Sub
```

〔1-D.xlsm〕の「Sheet1」でマクロを実行すると、図1-15のように「数値か、数値でないか」のメッセージボックスが表示されます。

図1-15

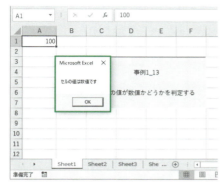
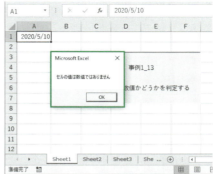

セルの値が日付かどうかを判定する

前項ではIsNumeric関数を紹介しましたが、セルの値が日付かどうかを判定するときにはIsDate関数を使用します。どちらの関数も「Is ～」で始まっていることにお気づきですね。

ポイント IsDate関数でセルの値を判定する

　セルの値が日付かどうかを判定するときにはIsDate関数を使用します。IsDate関数は、引数の値が日付なら「True」を、日付でなければ「False」を返します。
　また、IsDate関数は時刻に対しては「False」を返す点に注意してください。

事例1_14　セルの値が日付かどうかを判定する
　　　　〔1-D.xlsm〕Module1

```
Sub 事例1_14()
    If IsDate(Range("A1").Value) = True Then
        MsgBox "セルの値は日付です"
    Else
        MsgBox "セルの値は日付ではありません"
    End If
End Sub
```

〔1-D.xlsm〕の「Sheet2」でマクロを実行すると、図1-16のように「日付か、日付でないか」のメッセージボックスが表示されます。

図1-16

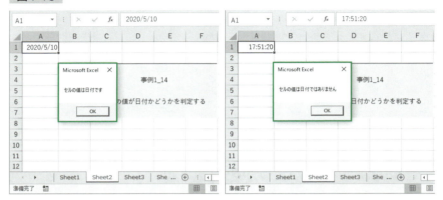

セルの値が文字列かどうかを判定する

「数値の判定」にはIsNumeric関数、「日付の判定」にはIsDate関数を使いますが、「IsString」という関数はVBAにはありませんので、「文字列の判定」にはTypeName関数を使用します。

ポイント TypeName関数の戻り値が「String」かどうかで判定する

　セルの値が数値かどうかを判定するときにはIsNumeric関数を使用します。また、日付かどうかを判定するときにはIsDate関数を使用しますが、セルの値が文字列かどうかを判定する関数はありません。
　そこで、ここではTypeName関数を使用します。TypeName関数は、図1-17に示すように、値に応じたデータ型を返します。

図1-17

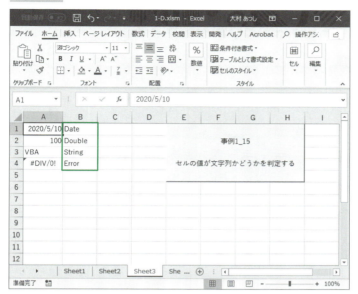

　図1-17ではセルA3の値が文字列で、TypeName関数は「String」を返しています。このTypeName関数の戻り値で、セルの値が文字列かどうかを判定できます。

事例1_15　セルの値が文字列かどうかを判定する
　　　　　〔1-D.xlsm〕Module1

```
Sub 事例1_15()
    Dim i As Long
    
    For i = 1 To 4
        Cells(i, 2).Value = TypeName(Cells(i, 1).Value)
    Next i
End Sub
```

　実際に、〔1-D.xlsm〕の「Sheet3」でマクロを実行して確認してください。

セルの値を判定するテクニック

セルの数式がエラーかどうかを判定する

数式がエラーかどうかはIsError関数で判定できます。これも、IsNumeric関数やIsDate関数同様に解説の必要もないほど簡単ですので、まとめて覚えておきましょう。

ポイント　IsError関数とHasFormulaプロパティ

Excel VBAには、マクロ内で生成した値や数式がエラーかどうかを調べるIsError関数がありますが、この関数はセルに入力した数式に対しても使用できます。数式がエラーであれば「True」を、そうでなければ「False」を返します。

次のマクロは、このIsError関数でセルの数式がエラーかどうかを判定していますが、数式が入力されていないとIsError関数は常に「False」を返してしまうので、まずHasFormulaプロパティでそのセルに数式が入力されているかどうかを判定しています。

事例1_16　セルの数式がエラーかどうかを判定する
〔1-D.xlsm〕Module1

```
Sub 事例1_16()
    If ActiveCell.HasFormula = True Then

        If IsError(ActiveCell.Value) = True Then
            MsgBox "アクティブセルの数式はエラーです"
        Else
            MsgBox "アクティブセルの数式はエラーではありません"
        End If

    Else
        MsgBox "アクティブセルには数式が入力されていません"
    End If
End Sub
```

〔1-D.xlsm〕の「Sheet4」でマクロを実行すると、図1-18のように、状況に応じたメッセージボックスが表示されます。

54

図1-18

日付に関するテクニック

分割された年月日を1つの年月日に結合する

「日付」に関するテクニックは、VBAでデータベースを扱う上で避けて通れないものです。最初に紹介するのは、DateSerial関数です。

ポイント DateSerial関数で年月日を結合する

図1-19のように、年月日が別々のセルに入力されている場合、各セルの値が「年」「月」「日」であるというのは作表した人の解釈で、Excelにとっては単なる数値となります。

図1-19

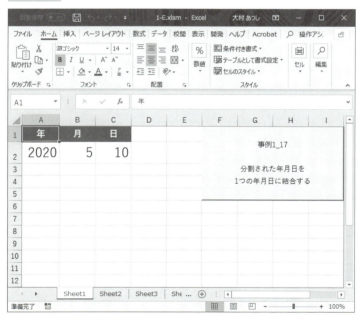

このようなケースでは、引数に指定した3つの数値を「年」「月」「日」と解釈して、結合した年月日を返してくれるDateSerial関数を使用しましょう。

事例1_17　分割された年月日を1つの年月日に結合する
〔1-E.xlsm〕Module1

```
Sub 事例1_17()
    Dim myDate As Date
    
    myDate = DateSerial(Range("A2").Value, Range("B2").Value, _
                        Range("C2").Value)
    
    MsgBox myDate
End Sub
```

〔1-E.xlsm〕の「Sheet1」でマクロを実行すると、図1-20のように、1つの年月日に結合されたメッセージボックスが表示されます。

図1-20

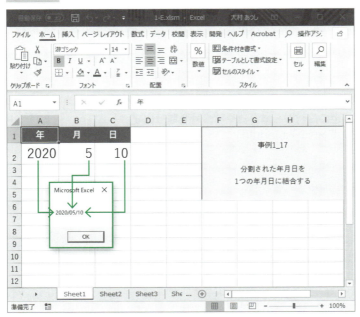

日付に関するテクニック

特定の日付から年月日や時分秒を取り出す

日付の分割に使用する6つの関数を紹介します。もっとも、すべてがただ日本語を英単語にしただけの関数ですので気楽に取り組んでください。

 Year関数、Month関数、Day関数、Hour関数、Minute関数、Second関数

次の表に挙げた関数を利用すると、特定の日付シリアル値から、対応する数値を取り出すことができます。

関数	説明
Year	「年」を取り出す
Month	「月」を取り出す
Day	「日」を取り出す
Hour	「時」を取り出す
Minute	「分」を取り出す
Second	「秒」を取り出す

たとえば、「2020年12月31日17時45分21秒」という値を引数に指定してこれらの関数を使ったのが次のマクロです。

事例1_18 特定の日付から年月日や時分秒を取り出す
〔1-E.xlsm〕Module1

```
Sub 事例1_18()
    Dim myDate As Date
    
    myDate = "2020/12/31 17:45:21"
    
    Range("E2").Value = Year(myDate)
    Range("E3").Value = Month(myDate)
    Range("E4").Value = Day(myDate)
    Range("E5").Value = Hour(myDate)
    Range("E6").Value = Minute(myDate)
```

```
        Range("E7").Value = Second(myDate)
End Sub
```

〔1-E.xlsm〕の「Sheet2」でマクロを実行すると、結果は図1-21のようになります。

図1-21

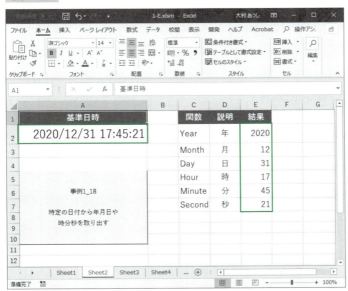

月の最終日を取得する

ここで紹介するマクロは、本書のテーマでもある「知識はあるけれどアイデアが浮かばないために作れない」ものかもしれません。逆にいえば、わかってしまえばこれほど簡単なものはありません。

> **ポイント** Year関数とMonth関数で「翌月の1日」を取得して「1」減算する

1月なら31日。2月なら28日か29日。4月なら30日。こうした月の最終日をマクロの中で扱う場合にはどうしたらよいでしょうか。

日付に関するテクニック

12カ月しかありませんので、IfステートメントやSelect Caseステートメントで条件判断をしたくなる人もいるかもしれませんが、その場合、うるう年の判断が面倒です。

こうしたときには、発想を転換してみましょう。「ある月の最終日」は、当然ですが、「翌月の1日」の1日前の日になります。

その方法は、日付を一度、Year関数とMonth関数で「年」と「月」に分割し、翌月を求めるために「月」に1を加算します。そして、「日」は「1日」にします（日は必ず「1日」なので、ここではDay関数は使用しません）。

その上で、p.57で紹介したDateSerial関数で年月日を結合します。この日付が「翌月の1日」ですので、最後に「1」減算します。

その処理を実行しているのが次のマクロです。

事例1_19　月の最終日を取得する
　　　　　　　〔1-E.xlsm〕Module1

```
Sub 事例1_19()
    MsgBox DateSerial(Year(Range("A2").Value), ┐
                  └→ Month(Range("A2").Value) + 1, 1) - 1
End Sub
```

〔1-E.xlsm〕の「Sheet3」でマクロを実行すると、図1-22のように、2020年2月の最終日がメッセージボックスに表示されます。

2020年はうるう年ですが、きちんと「2月29日」が取得できていることがわかりますね。

60

図1-22

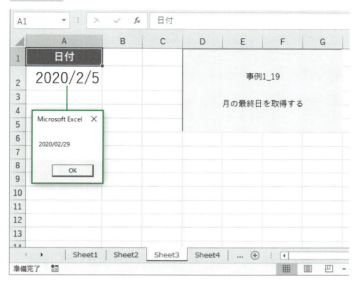

ONEPOINT **なんとも面倒なうるう年の判断方法**

みなさんの中で、うるう年は「4年おき」と思っている人はいませんか。正直なところ、そう思っていてもなんら不都合はないのですが、うるう年は、厳密には次の条件で求められます。

（1）4で割り切れる年はうるう年である
（2）4で割り切れても、100で割り切れたらうるう年ではない
（3）100で割り切れても、400で割り切れたらうるう年である

つまり、この条件の（1）と（3）がうるう年なのです。
ですから、2020年がうるう年なのは単純に（1）の条件を満たしているからですが、「ミレニアム」と大騒ぎだった2000年がうるう年だったのは、（1）ではなく（3）の条件を満たしていたからなのです。

ということは、（2）の条件を満たしてしまう1900年はうるう年ではありません。すなわち、1900年2月29日という日付は存在しません。

日付に関するテクニック

　ところが、Excelで「1900/2/29」と入力すると、なんと日付と認識されてしまいます。

　ご存じの人も多いと思いますが、Excelは内部的に日付を「シリアル値」という数値で管理しています。このシリアル値は、1900年1月1日が「1」で、その翌日が「2」と順番に割り当てられています。
　そして、「1900/2/29」と入力したセルの表示形式を「標準」にしてみると、Excelはこの存在しない日付に「60」というシリアル値を割り当てていることがわかります。

　では、VBAの場合はどうでしょう。VBAの場合は、「1900/2/29」を日付として処理しようとするとエラーが発生します。そんな日付はないのですから、ある意味当然ですね。
　しかし、みなさんが本書を読んでいる今日（その日付はわかりませんが）のシリアル値を見てみてください。ExcelもVBAもまったく同じ数値を返します。これは、当たり前のようでなんとも妙な話ですね。

　その理由ですが、VBAでは、1900年1月1日のシリアル値が、Excelとは「1」ずれた「2」から始まるからです。こうすることで、1900年3月1日のシリアル値はともに「61」となり、ここで帳尻が合うわけです。

　このExcelの1900年2月29日問題は、単なる開発者のミスという説と、Excelよりも先行していた表計算ソフトのLotus 1-2-3に1900年2月29日が存在していたため、データの互換性の観点からLotus 1-2-3の仕様に合わせざるを得なかった、という説があります。
　私にはどちらの説が正しいのかわかりませんが、唯一わかることは、Lotus 1-2-3の開発者は、先に挙げたうるう年の (2) の判断方法を知らなかったということです。

62

Part

1

初中級者のつまずきに効く【お助け】テクニック

2つの日付の間の日数や年数を取得する

日付に関するテクニックで多くの人がつまずくのが、「2つの日付」の扱いです。とくに、「2つの日付の間」を知りたいというケースで頭を悩ますことがあるのではないでしょうか。

ポイント DateDiff関数と、カギを握る第1引数

2つの日付の間の年数や日数を求めるさいにはDateDiff関数を使用します。

DateDiff関数は、第1引数に、次の表のように「求めたいものはなにか」を既定の文字列で指定します。

文字列	計算対象
yyyy	年
m	月
d	日

文字列	計算対象
h	時間
n	分
s	秒

そして、第2引数と第3引数に、比較したい2つの日付を指定します。

次のマクロは、セルA2とセルB2に入力された2つの日付の間の、年数、月数、日数を求めるものです。

事例1_20 2つの日付の間の日数や年数を取得する
〔1-E.xlsm〕Module1

```
Sub 事例1_20()
    Dim myDay1 As Date, myDay2 As Date, i As Long

    myDay1 = Range("A2").Value
    myDay2 = Range("B2").Value

    For i = 2 To 4
        Cells(i, "F").Value = DateDiff(Cells(i, "D").Value, ⏎
                                     ↳ myDay1, myDay2)
```

63

```
    Next
End Sub
```

〔1-E.xlsm〕の「Sheet4」でマクロを実行すると、結果は図1-23のようになります。

図1-23

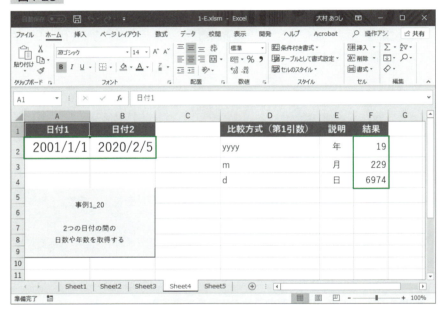

また、DateDiff関数を使えば、次のステートメントで、今世紀になって何日が経過したのかがわかります。

```
MsgBox DateDiff("d", "2001/1/1", Date)
```

第3引数でDate関数を使って今日の日付を求めています。Excelのワークシート関数のTODAY関数とは違うという点に注意してください。

Part

1

初中級者のつまずきに効く[お助け]テクニック

20日後や4カ月前の日付を取得する

ある日を基準に○日後とか、○日前の日付を取得する。いかがでしょうか？
すぐにマクロが頭に浮かびますか？　実は、これも意外にVBAユーザー泣かせ
のテクニックなのです。

ポイント **DateAdd関数と、カギを握る第1引数**

たとえば、「20日後は何日か」とか「4カ月前は何月か」というのは、一見簡
単のように思えますが、月をまたいだり、年をまたいだりするケースを想定する
と、実はそんなに単純なものではないことがわかります。

このような場合には、DateAdd関数を使うようにしましょう。
DateAdd関数は、DateDiff関数同様に第1引数に「なにを対象に加算を行う
のか」を、次の表のように既定の文字列で指定します。

文字列	計算対象
yyyy	年
m	月
d	日

文字列	計算対象
h	時間
n	分
s	秒

そして、第2引数には加算する値を、第3引数にはもととなる基準日を指定し
ます。すると、DateAdd関数は、基準日から第2引数で指定した値を加算、も
しくは減算した日付を返します。

次のマクロは、「今日の日付の20日後」と「今日の日付の4カ月前」を算出す
るものです。
見てわかるとおり、あとの日付を求めるときには「＋」を省略し、前の日付を
求めるときには「－」を指定します。

65

日付に関するテクニック

事例1_21　20日後や4カ月前の日付を取得する
〔1-E.xlsm〕Module1

```
Sub 事例1_21()
    MsgBox DateAdd("d", 20, Date)
    MsgBox DateAdd("m", -4, Date)
End Sub
```

〔1-E.xlsm〕の「Sheet5」でマクロを実行すると、マクロを実行した日の20日後と4カ月前の日付がメッセージボックスに表示されます。

ONEPOINT **Date関数のあとのカッコ**

「事例1_21」のマクロで出てきた「Date」は「関数」ですが、関数というのは基本的に値を返す役割を担っています。Date関数であれば「今日の日付」を返します。

そして、VBAで値を返す関数やメソッドを使うときには、「Date( )」のようにカッコを使いたくなる人もいると思いますが、Date関数にはそもそも引数がありませんので、「Date( )」と記述してもカッコは自動的に削除されます。

こうしたことを考えると、「引数がないときにもカッコを使用するべきだ」という一部の人の意見に私は若干の違和感を覚えます。私は個人の自由だと思っています。

一方で、「値を返さないのに引数をカッコで囲むのは明白な間違い」だと、私はこれまでに何冊もの自著で訴えてきました。

この理由についてはp.341で述べています。

Findメソッドを極めるテクニック

任意の文字列が入力されているセルを1つ取得する

セルを検索する操作はなじみがありますが、ことVBAになると混乱する人が多いようです。その理由は、おそらくFindメソッドがオブジェクトを返すからでしょう。

ポイント FindメソッドとSetステートメント

図1-24のような成績表があるとします。

図1-24

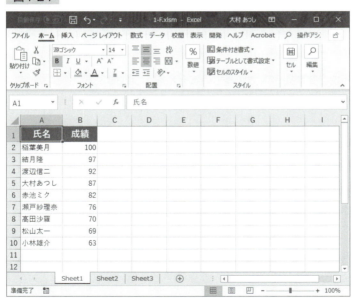

この表で、「大村あつし」の点数を求めるためにFindメソッドを使用してみることにしましょう。

Findメソッドを極めるテクニック

このときに、セルの文字列検索をマクロ記録すると、

```
Cells.Find(What:="大村あつし")
```

と記録されますが、ワークシートのすべてのセルを検索対象にする必要はないので、検索対象セル範囲を次のように絞ることもできます。

```
Range("A2:A10").Find(What:="大村あつし")
```

　そして、なによりも重要なのが、Findメソッドは指定された文字列が入力されているセル、すなわちRangeオブジェクトを返すことです。多くの人が、ここでつまずいてしまいます（オブジェクト変数については、すぐあとで解説します）。

　ですから、次のマクロでは、まず❶でオブジェクト変数を定義して、❷でそのオブジェクト変数に、指定された文字列が入力されているセル（Rangeオブジェクト）を代入しています。

事例1_22　任意の文字列が入力されているセルを1つ取得する
〔1-F.xlsm〕Module1

```
Sub 事例1_22()
    Dim myRange As Range                            ──❶

    Set myRange = Range("A2:A10").Find(What:="大村あつし")  ──❷

    If myRange Is Nothing Then
        MsgBox "「大村あつし」が見つかりません"
    Else
        MsgBox "大村あつしの成績は  " & myRange.Offset(0, 1).Value
    End If
End Sub
```

68

〔1-F.xlsm〕の「Sheet1」でマクロを実行すると、図1-25のように「大村あつし」の成績「87」がメッセージボックスに表示されます。

図1-25

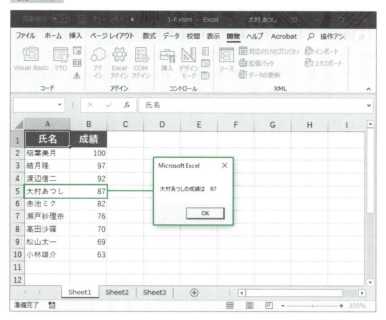

さて、いまのマクロで見たように、オブジェクト変数は次のように「As オブジェクト」と宣言します。

```
Dim myWBook As Workbook
Dim myWSheet As Worksheet
Dim myRange As Range
```

このように、「As Workbook」「As Worksheet」「As Range」とオブジェクトの種類を明示したオブジェクト変数を「固有オブジェクト型変数」と呼びます。

そして、オブジェクト変数にオブジェクトを代入するときには、次のように必ずSetステートメントを使います。

Findメソッドを極めるテクニック

```
Set myWBook = Workbooks("Dummy.xlsx")
Set myWSheet = Workbooks("Dummy.xlsx").Worksheets("Sheet2")
Set myRange = Workbooks("Dummy.xlsx").Worksheets("Sheet2").┐
                                          └→ Range("A1:D10")
```

　このSetステートメントを忘れるとマクロは動作しませんので、くれぐれも気をつけてください。

　そして、このステートメントによって、それ以降は、次のようにマクロの中で、オブジェクト変数でオブジェクトを操作できるようになります。

```
myWBook.Activate
myWSheet.Activate
myRange.Value = "VBA"
```

　ここで注意しなければならないのは、オブジェクト変数に代入しているのは、あくまでもオブジェクトそのもので、「Workbooks("Dummy.xlsx")」という文字列ではないことです。

ONEPOINT **総称オブジェクト型変数**

　固有オブジェクト型変数に対して、次のようにObjectキーワードを使用して宣言した変数を「総称オブジェクト型変数」と呼びます。

```
Dim myWBook As Object
Dim myWSheet As Object
Dim myRange As Object
```

　総称オブジェクト型変数でもマクロは動きますが、固有オブジェクト型変数には、「マクロが読みやすい」「エラーが発見しやすい」「実行速度が若干向上する」などの利点がありますので、なるべく固有オブジェクト型変数を使うようにしましょう。

70

Part
1

初中級者のつまずきに効く［お助け］テクニック

任意の文字列が入力されているセルをすべて取得する

ここで紹介するテクニックはかなり手ごわいので、心して取り組んでください。少なくとも、提示したマクロをいつでもコピー＆ペーストできるようにしておくことをおすすめします。

> **ポイント** Findメソッド、FindNextメソッド、Unionメソッド、Addressプロパティ

ここで紹介するのは、2つ以上のセル範囲を1つのオブジェクト変数に格納するUnionメソッドと、前項で紹介したFindメソッドの発展形であるFindNextメソッドを融合させた、VBAスキルを確実に引き上げる有用性の高いテクニックです。

はじめに、マクロをご覧ください。ここでは、全セルを対象に検索しています。

事例1_23　任意の文字列が入力されているセルをすべて取得する
　　　　　〔1-F.xlsm〕Module1

```
Sub 事例1_23()
    Dim myRange As Range
    Dim myFirstCell As Range
    Dim myUnion As Range

    Set myRange = Cells.Find(What:="大村あつし")

    If myRange Is Nothing Then                            ──①
        MsgBox "「大村あつし」が見つかりません"
        Exit Sub
    Else
        Set myFirstCell = myRange
        Set myUnion = myRange
    End If

    Do
        Set myRange = Cells.FindNext(myRange)            ──②

        If myRange.Address = myFirstCell.Address Then    ──③
```

71

Findメソッドを極めるテクニック

```
            Exit Do
        Else
            Set myUnion = Union(myUnion, myRange)        ———❹
        End If
    Loop

    MsgBox "「大村あつし」が  " & myUnion.Count & "件見つかりました"
End Sub
```

❶は、「大村あつし」と入力されたセルが1つもない場合の処理で、Exit Sub
ステートメント（→p.342）でマクロを終了しています。

FindNextメソッドは、前回見つかったRangeオブジェクトを引数にして、
次に条件に一致するRangeオブジェクトを返します。そのため、❷のようなス
テートメントになります。
　そして、このサンプルのカギを握るのが❸のステートメントです。Do...Loop
ステートメントでループをしているわけですが、❷のステートメントで取得し
た変数「myRange」が、Findメソッドで検索した一番はじめのセルである
「myFirstCell」と一致したら、すべての対象セルを検索し終わったことになるの
で、ループを終了します。

　また、この一致の判断は、必ずAddressプロパティで比較しなければなりま
せん。すなわち、FindNextメソッドで検索したセルの「アドレス」が、一番は
じめに検索したセルの「アドレス」と一致したときが、すべての対象セルを検索
し終えたときなのです。
　このAddressプロパティを省略してしまうと、Valueプロパティを指定した
ことになり、2つのRangeオブジェクトの値は、どちらも「大村あつし」なので
すから、このマクロは正常に動作しません。
　そして、❹で対象セルをUnionメソッドで集合体にしてオブジェクト変数に格
納しています。
　〔1-F.xlsm〕の「Sheet2」でマクロを実行すると、「大村あつし」と入力され
たセルが9個ありますので、図1-26のようにメッセージボックスには「9」と表
示されます。

図1-26

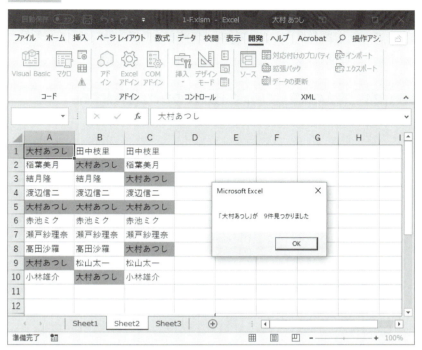

「数式の結果」ではなく「数式そのもの」を検索する

ここで扱うテクニックは、Findメソッドを理解していればいたって簡単なもので、Findメソッドの引数にひと工夫加えるだけです。Findメソッドの総仕上げのつもりでご覧ください。

> **ポイント** Findメソッドの引数のLookInに「xlFormulas」を代入する

　たとえば、数式が入力されているセルをFindメソッドで検索する場合、「数式の結果」を検索するケースのほうが多いでしょう。
　そのためか、「数式そのもの」、すなわち「数式の文字列」も検索できることを知らない人もいるようです。しかし、「数式そのもの」を検索することは可能です。

Findメソッドを極めるテクニック

　次のマクロは、「数式そのもの」を検索するもので、具体的には「SUM」という文字列が入力された数式を検索しています。
　すなわち、SUM関数が入力されているセルを検索して、見つかったらそのセルのアドレスを取得しています。

事例1_24　「数式の結果」ではなく「数式そのもの」を検索する
　　　　　　　〔1-F.xlsm〕Module1

```
Sub 事例1_24()
    Dim myRange As Range

    Set myRange = Cells.Find(what:="SUM", _
        After:=ActiveCell, LookIn:=xlFormulas, _
        LookAt:=xlPart, SearchOrder:=xlByRows, _
        SearchDirection:=xlNext, MatchCase:=False)

    If myRange Is Nothing Then
        MsgBox "該当するセルは見つかりませんでした"
    Else
        MsgBox myRange.Address
    End If
End Sub
```

　〔1-F.xlsm〕の「Sheet3」でマクロを実行すると、セルC10にSUM関数が入力されているので、図1-27のようなメッセージボックスが表示されます。

74

図1-27

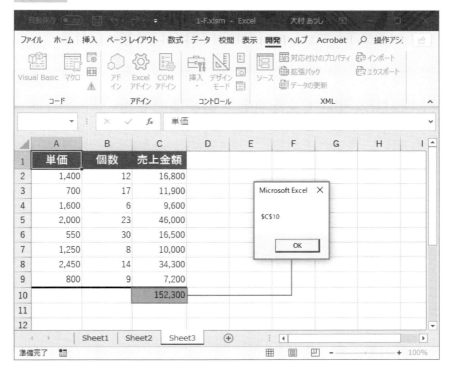

このサンプルでカギを握るのは、Findメソッドの引数の中の次の一文です。

LookIn:=xlFormulas

このように指定することで、「数式そのもの」を検索することが可能になります。ちなみに、「数式の結果」を検索するときには、引数を次のように指定します。

LookIn:=xlValues

そのほかのテクニック

MsgBox関数で文字列と変数を連結する

ここでは、＆演算子と＋演算子を解説します。両者は似て非なるものなのですが、両者を「同じもの」と説明する解説書があとを絶ちませんので、勘違いして覚えてしまった人は軌道修正してください。

ポイント ＆演算子と＋演算子の違い

「文字列と文字列を連結する」もしくは「文字列と変数を連結する」テクニックは、知っている人にとっては初歩中の初歩なのですが、あまりに初歩すぎるということなのか、まったく説明していない解説書が数多く見受けられます。

また、それが原因かはわかりませんが、このテクニックは私のExcel VBAブログでも常にアクセスが上位で安定しており、この方法がわからずにつまずいている人が多くいることがうかがえます。

本書では、一度、すでに＆演算子を使用していますが➡p.32、ここできちんと解説します。

では、次のマクロをご覧ください。

事例1_25　MsgBox関数で文字列と変数を連結する
　　　　　〔1-G.xlsm〕Module1

```
Sub 事例1_25()
    Dim myWB As String

    myWB = Workbooks(1).Name                          ────❶

    MsgBox "最初に開いたブックは " & myWB & " です"    ──❷
End Sub
```

❶のステートメントで、最初に開いたブックの名前をNameプロパティで取得して、左辺の変数「myWB」に代入しています。このステートメントによって、変数「myWB」にはブックの名前が代入されます。

そして、❷のステートメントで、変数「myWB」に代入された値を利用して、MsgBox関数でブックの名前をメッセージボックスに表示していますが、ここで行っているのが、「文字列と変数の連結」です。

このように、連結するときには&演算子を使用します。

注意しなければならないのは、連結するさいには、ダブルクォーテーション(" ")で囲むのは固定文字列だけで、変数をダブルクォーテーションで囲んではいけない点です。

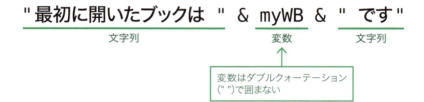

ONEPOINT &演算子と、足し算で使う＋演算子

実は、&演算子の代わりに、次のように＋演算子で文字列と変数を連結することもできます。

```
MsgBox "最初に開いたブックは " + myWB + " です"
```

また、このように＋演算子を使うことを推奨している解説書もありますが、これは明白な間違いです。

＋演算子は数値を足し算するときに使うものですから、文字列と変数の連結に使用してはいけません。ちなみに、

```
MsgBox 1 + 1
```

77

■ そのほかのテクニック

の場合は、「1」を「数値」と判断して足し算するので、実行結果は「2」になります。

一方、

```
MsgBox 1 & 1
```

の場合は、「1」を「文字列」と判断して連結するので、実行結果は「11」になります。

すなわち、＆演算子と＋演算子はまったく異なる演算子なのです。

そもそも、＋演算子は算術演算子ですが、＆演算子は「文字列連結演算子」ですので、演算子の種類の段階で両者は異なります。

では、ブックを2つ以上開いて、〔1-G.xlsm〕の「Sheet1」でマクロを実行してください。すると、最初に開いたブックの名前がメッセージボックスに表示されます。

Workbook_Openイベントプロシージャを
実行させないでブックを開く

ここでは「イベントプロシージャ」を扱います。イベントプロシージャを知らない人は、先にp.176で理解してから、ここで解説するテクニックをご覧ください。

ポイント Workbook_Openイベントプロシージャ、
EnableEventsプロパティ

たとえば、「Sample.xlsm」というブックに、ブックが開いたときに自動実行されるWorkbook_Openイベントプロシージャが記述されていると仮定します。

このときに、「Sample.xlsm」を次のステートメントで開くと、「Sample.xlsm」内のWorkbook_Openイベントプロシージャが自動的に実行されてしまいます。

```
Workbooks.Open "Sample.xlsm"
```

このようなケースで、「Sample.xlsm」内のWorkbook_Openイベント
プロシージャを実行させたくないときには、Applicationオブジェクトの
EnableEventsプロパティに「False」を代入して、一時的にイベントを抑止し
ます。すると、「Sample.xlsm」内のWorkbook_Openイベントプロシージャ
は実行されません。具体的には、次のようなマクロになります。

事例1_26　Workbook_Openイベントプロシージャを
　　　　　　実行させないでブックを開く
〔1-G.xlsm〕Module1

```
Sub 事例1_26()
    Application.EnableEvents = False

    Workbooks.Open Filename:="Sample.xlsm"

    Application.EnableEvents = True
End Sub
```

つまり、EnableEventsプロパティに「False」を代入してイベントの発生を
一時停止し、最後にEnableEventsプロパティの値を「True」に戻して一時停
止を解除するということです。
　〔1-G.xlsm〕の「Module1」にマクロがありますので、ご自身の環境で試して
みてください。

ONEPOINT 「Auto_Open」マクロ

　かつてExcel 5.0/95のときにはWorkbook_Openイベントプロシージャがあ
りませんでした。そのため、「Auto_Open」という名前で標準モジュールにマク
ロを作成してブックのオープン時に自動実行させていましたが、「よくわからない
けど動いているから」と、この慣習が残ってしまっているケースが少なくないよう
です。
　もし、標準モジュールに「Auto_Open」というマクロを見つけたら、
Workbook_Openイベントプロシージャとして作り変えてください。

そのほかのテクニック

数式の再計算を一時的に止める

ここで解説することは、Excel および VBA の相当な上級者でも勘違いしている人が少なくないものです。しかし、理屈さえ知ってしまえば難しいものではありませんので、ここで確実におさえてください。

ポイント **Calculation プロパティ**

唐突ですが、Excel の数式は「非自動再計算」です。

どういうことかというと、たとえば、「=SUM(A1:A3)」のようなワークシート関数が入力されている場合、ワークシートの再計算が実行されるのは、あくまでもセル A1:A3 のいずれかの値が変更されたときのみです。

セル B5 のような無関係なセルにデータを入力しても、再計算は行われません。このような仕様にしておかないと、セルにデータを入力するたびに再計算が実行されてしまい、万が一、数百個の数式が入力されていたら、そのたびに再計算が行われて Excel が固まってしまい、表計算ソフトとして使いものにならないでしょう。

ところが、図 1-28 の［Excel のオプション］ダイアログボックスの［数式］タブの［ブックの計算］で、既定値では［自動］オプションボタンがオンになっているために、数式を入力したワークシートでは、数式と無関係なセルに値を入力しても、バックグラウンドでは毎回再計算が行われている──すなわち、Excel の数式は「自動再計算」だと勘違いしている人が少なくありません。

しかし、もう一度いいます。Excel の数式は「非自動再計算」です。

「=SUM(A1:A3)」のようなワークシート関数が入力されている場合、ワークシートの再計算が実行されるのは、あくまでもセル A1:A3 のいずれかの値が変更されたときのみなのです。

図1-28

以上のことを踏まえて、自動再計算とマクロの関係について理解を深めましょう。

さて、ワークシートに「=SUM(A1:A3)」のような数式が入力されている状態で次のステートメントを実行すると、❶・❷・❸のステートメントで数式の参照元のセルの値が3回書き換えられますので、再計算が3回実行されます。

ちなみに、❹のステートメントは数式の参照元とは無関係なため再計算は行われません。すなわち、❹のステートメントの場合は、なにもする必要はありません。これが、先にいった、「Excelの数式は非自動再計算」ということです。

❹のステートメントでも「=SUM(A1:A3)」の数式が再計算されてしまうことを「自動再計算」といいますが、Excelは「非自動再計算」なので、❹のステー

トメントで再計算は実行されません。

それよりも、問題は❶・❷・❸のステートメントです。このときには数式の参照元のセルの値が3回書き換えられているため再計算が3回行われると述べましたが、これではマクロの実行速度が著しく損なわれてしまいます。

そこで、手作業の場合であれば、図1-28の［Excelのオプション］ダイアログボックスの［数式］タブの［ブックの計算］で、［手動］オプションボタンをオンにすることで、一時的に再計算を止めてこうした問題を回避します。

そして、これをマクロで行っているのが次のサンプルです。

事例1_27　数式の再計算を一時的に止める
〔1-G.xlsm〕Module1

```
Sub 事例1_27()
    '再計算方法を「手動」にして再計算を止める
    Application.Calculation = xlManual

    'セルに数値を入力する
    Range("A1").Value = 100
    Range("A2").Value = 200
    Range("A3").Value = 300

    '再計算方法を「自動」に戻して再計算を実行する
    Application.Calculation = xlAutomatic                    ❶
End Sub
```

このマクロであれば、❶のステートメントを実行したときにしか再計算は行われないので、再計算は1回しか実行されずに、マクロの処理速度は著しく向上します。

〔1-G.xlsm〕の「Module1」にマクロがありますので、ご自身の環境で試してみてください。

Part

2

フィルターを制す者が
マクロを制す

データベース
テクニック

Part 2で身につけること

　以前は「オートフィルタ」と呼ばれましたが、現在は［フィルター］コマンドと名前が変わった、Excelの簡易データ抽出機能は、みなさんよくご存じのはずです。

　ちなみに、この［フィルター］コマンドは、VBAでは昔の名前のまま「AutoFilterメソッド」と呼ぶので、「オートフィルタ」と「フィルター」のどちらの用語を使うか迷いましたが、本書では「フィルター」と表記します。

　ですから、「オートフィルタ」という用語になじんでいる人は、頭の中で「フィルター」を「オートフィルタ」と読み替えてください。

　この［フィルター］コマンドは、操作が簡単な上に極めて利便性が高く、そのため、「○○で、かつ、△△」という複雑な条件で抽出する「フィルターオプション」機能は、その存在すらあまり知られていないのが実情です。

　それでも、ほとんどのユーザーが困っていないということは、［フィルター］コマンド、VBAではAutoFilterメソッドだけで事が足りていると考えて差しつかえがないでしょう。

　こうした理由から、「実践的なテクニックだけを扱う」本書では、「データの抽出に関してはAutoFilterメソッドだけで十分」と判断しました。

　もっとも、いかにAutoFilterメソッドが簡便でも、多くの人がさまざまな問題に直面しているのもまた事実です。

　たとえ簡便な機能でも、あまりに多くのことができるので、逆につまずいてしまうのです。

　たとえば、Part 2では「フィルターで今週や今月のデータを抽出する」というテクニックを紹介していますが➡p.97、AutoFilterメソッドではこうした抽出ができないのであれば、みなさんは最初からループ処理のマクロを作るでしょう。

　しかし、AutoFilterメソッドでこうしたマクロが作れてしまうからこそ、逆に多くの人が頭を悩ませるのではないでしょうか。

フィルターで抽出したデータをどうするか

　前述のとおり、フィルター自体は極めて簡単な操作です。しかも、マクロ記録でマクロにできますので、VBAの解説書ではあまり取り上げられることがないように思います。

　なにを隠そう、「マクロ記録で作れるものは基本的に深掘りしない」というポリシーを持つ私も、これまであまりAutoFilterメソッドの解説はしてきませんでした。

　ところが、私のExcel VBAブログのアクセスを分析すると、実に多くの人がAutoFilterメソッドに関するエントリーを読んでいることがわかりました。

　さらには、そこにはある規則性がありました。それは、「AutoFilterメソッドそのもの」を調べているのではなく、「AutoFilterメソッドを使ったあと」、言い換えれば、「フィルターで抽出したデータの扱い」のところで多くの人がつまずいているということです。

　実際に、「フィルターで抽出されたデータだけをコピーする」、もしくは「フィルターで抽出したデータの件数を取得する」。このようなマクロが作れるでしょうか。

　Part 2のテクニック解説は、大きく2つに分かれます。1つは、「複雑な条件でAutoFilterメソッドでデータを抽出する方法」です。

　そして、もう1つは、いま述べた「AutoFilterメソッドでデータを抽出したあとのさまざまな処理に関するテクニック」です。

　Part 2を読めば、あなたのデータベーステクニックは確実に1ランク上がります。というより、「データの抽出」に関しては、ほとんどのケースに対応できるようになるでしょう。

　それくらいAutoFilterメソッドは強力なので、楽しみながら読み進めてください。

フィルターの初級テクニック

フィルターで抽出する

本書では、みなさんはマクロ記録ができることを前提にしていますが、最初の項目ですので、フィルターをマクロ記録したマクロをご覧いただくことにしましょう。

ポイント AutoFilterメソッド、AutoFilterModeプロパティ

[フィルター] コマンド（以前は「オートフィルタ」と呼ばれていました）をVBAで操作するさいにはAutoFilterメソッドを使用します。

このことはマクロ記録ですぐにわかりますが、一応、マクロを提示しておきましょう。

次のマクロは、セル範囲A1:D10のうち、C列（3列目）の値が「大村」のデータを抽出するものです。

事例2_1　フィルターで抽出する
〔2-A.xlsm〕Module1

```
Sub 事例2_1()
    Range("A1:D10").AutoFilter Field:=3, Criteria1:="大村"
End Sub
```

〔2-A.xlsm〕の「Sheet1」でマクロを実行すると、図2-1のようにC列が「大村」のデータだけが抽出されます。

86

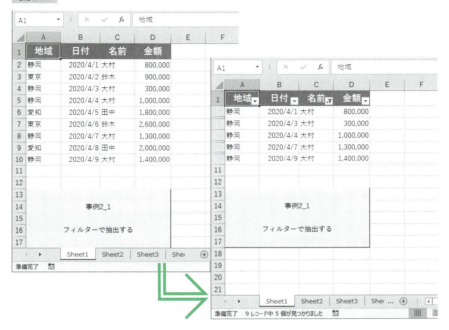

図2-1

また、図2-1の右側のようにフィルターが設定されている状態で、引数を省略して「Range("A1:D10").AutoFilter」とAutoFilterメソッドを実行すると、フィルターが解除されます。

ですから、わざわざ「フィルターが設定されていたら」という条件判断ステートメントを書く必要はありません。

ただし、図2-1の左側のようにフィルターが設定されていない状態で「Range("A1:D10").AutoFilter」とAutoFilterメソッドを実行すると、この場合にはフィルターが設定されてしまいます。

そこで、どのような状況でも確実にフィルターを解除するときには、次のステートメントのように、WorksheetオブジェクトのAutoFilterModeプロパティの値を「False」に設定してください。

```
ActiveSheet.AutoFilterMode = False
```

■ フィルターの初級テクニック

フィルターで空白のセルを抽出する

ここでは、フィルターで空白のセルを抽出する方法、もしくは、フィルターで空白ではないセルを抽出する方法を紹介します。

ポイント AutoFilterメソッド

　フィルターで空白のセルを抽出する。なにか、とても簡単なようですね。実際に、手作業で［フィルター］コマンドを実行したときには、リストボックスから「(空白セル)」を選ぶだけでとても簡単なのですが、同じことをVBAで行うさいにはちょっとした知識が必要になります。

　正解をいうと、空白のセルを抽出するときには、「条件」を指定する引数「Criteria1」に「"="」を指定します。

　次のマクロは、C列（3列目）の「名前」列が空白であるデータを抽出しています。

事例2_2　フィルターで空白のセルを抽出する
　　　　〔2-A.xlsm〕Module1

```
Sub 事例2_2()
    Range("A1").AutoFilter Field:=3, Criteria1:="="
End Sub
```

図2-2

88

逆に、「空白ではないセル」で抽出するときには、条件に「"<>"」を指定してください。

フィルターでトップ10や上位10%のデータを抽出する

営業部員の売上金額のトップ3を抽出したいとか、売上金額に占めるトップ10の取引先を抽出したいというケースはよくあるでしょう。ここでは、VBAでそれを実現する方法を解説します。

> （ポイント）AutoFilterメソッドの引数「Operator」を理解する

「フィルターでトップ10のデータを抽出したい」というケースは頻繁にあると思いますが、こうした場合には、AutoFilterメソッドの引数Operatorに「xlTop10Items」を指定し、引数Criteria1に抽出したい順位の数を指定します。

次のマクロは、D列（4列目）の「金額」列のトップ3データを抽出するものです。引数Criteria1に「3」を指定することでトップ3データを抽出していますが、ここに「10」と指定すればトップ10が抽出されます。

また、次のマクロでは、抽出後に見やすいように降順に（金額の大きい順に）並べ替えを行っています。

事例2_3 フィルターでトップ3のデータを抽出する
〔2-A.xlsm〕Module1

```
Sub 事例2_3()
    With Range("A1").CurrentRegion
        .AutoFilter Field:=4, Operator:=xlTop10Items, Criteria1:=3
        .Sort .Columns(4), xlDescending, Header:=xlYes
    End With
End Sub
```

〔2-A.xlsm〕の「Sheet3」でマクロを実行すると、図2-3のようにD列のトップ3のデータが抽出されて、降順にソートされます。

89

フィルターの初級テクニック

図2-3

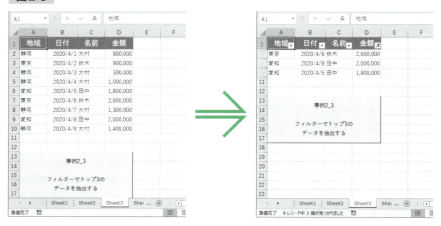

また、引数Operatorには「xlBottom10Items（下位を抽出する）」「xlTop10Percent（上位何%を抽出する）」「xlBottom10Percent（下位何%を抽出する）」なども指定できます。

引数Operatorに指定できる組み込み定数をまとめます。

番号	引数Operatorの内容	説明
❶	xlTop10Items	引数Criteria1で指定された上位のデータ数
❷	xlBottom10Items	引数Criteria1で指定された下位のデータ数
❸	xlTop10Percent	引数Criteria1で指定された上位の比率のデータ数
❹	xlBottom10Percent	引数Criteria1で指定された下位の比率のデータ数
❺	xlAnd	引数Criteria1とCriteria2で指定された両方のデータに一致するもの
❻	xlOr	引数Criteria1とCriteria2で指定されたいずれかのデータに一致するもの
❼	xlFilterValues	フィルターの値
❽	xlFilterDynamic	動的フィルター
❾	xlFilterCellColor	セルの色
❿	xlFilterFontColor	フォントの色

番号	引数Operatorの内容	説明
⑪	xlFilterAutomaticFontColor	フォントの自動色
⑫	xlFilterIcon	アイコン
⑬	xlFilterNoIcon	アイコンなし
⑭	xlFilterNoFill	塗りつぶしなし

❺の「xlAnd」と、❻の「xlOr」、❼の「xlFilterValues」については、次項で取り上げます。また、❽の「xlFilterDynamic」はp.98で解説します。

そして、❾～⑭に関しては、ニーズがまったくないわけではありませんが、実用性が低いので本書では割愛します。

ちなみに、次のステートメントは、「上位10%」のデータを抽出するものです。

```
Range("A1").AutoFilter Field:=4, Operator:=xlTop10Percent,
                                        Criteria1:=10
```

フィルターで複数の条件で抽出する

複数行にまたがって「○○で、かつ、△△」という抽出を行いたいときには、その回数分、AutoFilterメソッドを実行するだけですが、ここでは1つの行で「○○で、かつ、△△」のように複数の条件で抽出する方法を解説します。

ポイント AutoFilterメソッドの組み込み定数
「xlAnd」「xlOr」「xlFilterValues」

AutoFilterメソッドは、1つの列しか抽出することができません。ですから、

A列が「大村」で、かつ、C列が「70より大きい」

という条件で抽出したいときには、次のマクロのようにAutoFilterメソッドを2回実行します。

フィルターの初級テクニック

```
Sub Sample()
    Range("A1").AutoFilter Field:=1, Criteria1:="大村"
    Range("A1").AutoFilter Field:=3, Criteria1:=">70"
End Sub
```

　ただし、1つの列で2つの条件で抽出したいときには、引数Operatorにp.90で紹介した組み込み定数「xlAnd」や「xlOr」を指定することで処理が実現できます。

　次のステートメントは、組み込み定数「xlAnd」を使って、C列が「20より大きく」、かつ、「80より小さい」データだけを抽出するものです。

```
Range("A1").AutoFilter Field:=3, Criteria1:=">20", ⌐
                          ↳ Operator:=xlAnd, Criteria2:="<80"
```

　また、次のステートメントは、組み込み定数「xlOr」を使って、A列が「大村」か「加藤」のデータだけを抽出するものです。

```
Range("A1").AutoFilter Field:=1, Criteria1:="大村", ⌐
                          ↳ Operator:=xlOr, Criteria2:="加藤"
```

　さらに、Excel 2007以降では、3つ以上の条件で抽出が可能です。
　次のマクロを実行すると、C列（3列目）の値が「大村」「加藤」「山田」のデータが抽出されます。

事例2_4　フィルターで複数の条件で抽出する
　　　　　〔2-A.xlsm〕Module1

```
Sub 事例2_4()
    Range("A1").AutoFilter Field:=3, _
```

```
                        Criteria1:=Array("大村", "加藤", "山田"), _
                        Operator:=xlFilterValues
End Sub
```

　引数Criteria1の3つの値をArray関数で1つに束ね、引数Operatorに「xlFilterValues」を代入していますが、これは深く考えずに、3つ以上のデータで抽出するときにはこのようなマクロになると覚えておくだけでよいでしょう。
　いえ、実はこのマクロは、マクロ記録したものを読みやすく改行しただけのものですので、覚える必要もないかもしれません。
　大切なのは、フィルターで「3つ以上のデータで抽出できる」ということを知ることだと思います。

　〔2-A.xlsm〕の「Sheet4」でマクロを実行すると、図2-4のようにC列（3列目）の値が「大村」「加藤」「山田」のデータが抽出されます。

図2-4

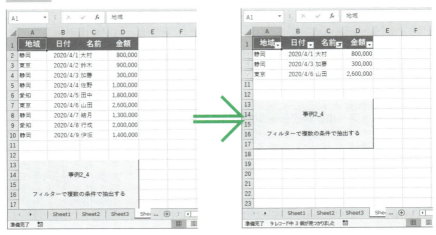

　なお、このマクロは、Excel 2003以前では動作しないので、そこだけは注意してください。

フィルターの初級テクニック

フィルターでデータが抽出されているかどうかを判定する

Excel 2007以降からは、「フィルターでデータが抽出されているかどうか」をいとも簡単に判定できるようになりました。FilterModeプロパティを使います。

ポイント AutoFilter オブジェクトの FilterMode プロパティを使う

「AutoFilter」はメソッドであると同時に、「AutoFilterオブジェクト」というオブジェクトとして扱うこともできます。

そして、このAutoFilterオブジェクトにはFilterModeプロパティというプロパティがあります。

これは、Excel 2007ではじめてVBAに搭載されたプロパティですが、フィルターでデータが抽出されているときには「True」を、抽出されていないときには「False」を返します。

すなわち、FilterModeプロパティの値を見るだけで、フィルターでデータが抽出されているかどうかを判定できるのです。

次のマクロでは、AutoFilterModeプロパティでフィルターが設定されているかどうかを調べ、さらにFilterModeプロパティを使用して、データが抽出されているかどうかを調べています。

事例2_5　フィルターでデータが抽出されているかどうかを判定する
〔2-A.xlsm〕Module1

```
Sub 事例2_5()
    If ActiveSheet.AutoFilterMode = True Then
        If ActiveSheet.AutoFilter.FilterMode = True Then
            MsgBox "データが抽出されています"
        Else
            MsgBox "データが抽出されていません"
        End If
    End If
End Sub
```

94

〔2-A.xlsm〕の「Sheet5」でマクロを実行すると、図2-5のメッセージボックスが表示されます。

図2-5

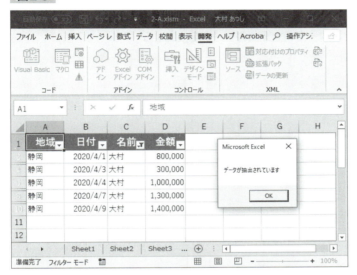

なお、このマクロも Excel 2003以前では動作しません。ご注意ください。

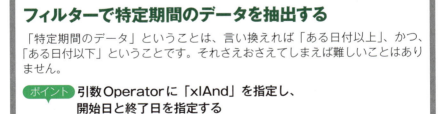

「特定期間」ということは、「開始日」と「終了日」が必ずあります。
　そこで、フィルターで特定期間のデータを抽出するには、「開始日以上」、かつ、「開始日以下」のデータを抽出すればいいことがわかります。ということは、AutoFilterメソッドの引数Operatorに「xlAnd」を指定すればいいことも必然的に理解できると思います。

フィルターの初級テクニック

すなわち、引数Criteria1には「>=開始日」、引数Criteria2には「<=終了日」と指定すれば、特定期間のデータを抽出することが可能です。

次のマクロは、B列（2列目）の「日付」列の値が、2020年4月1日〜2020年4月7日のデータを抽出するものです。

事例2_6　フィルターで特定期間のデータを抽出する
〔2-A.xlsm〕Module1

```
Sub 事例2_6()
    Range("A1").AutoFilter _
        Field:=2, _
        Operator:=xlAnd, _
        Criteria1:=">=2020/4/1", _
        Criteria2:="<=2020/4/7"
End Sub
```

〔2-A.xlsm〕の「Sheet6」でマクロを実行すると、図2-6のようにB列（2列目）が2020年4月1日〜2020年4月7日のデータが抽出されます。

図2-6

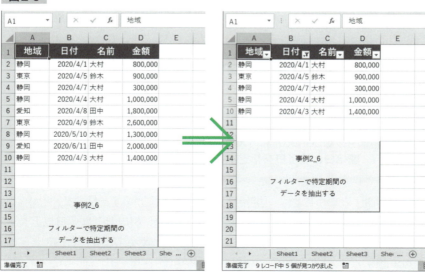

Part

2

フィルターを制す者がマクロを制す[データベース]テクニック

ONEPOINT **AutoFilterメソッドで「ある1日だけ」抽出する**

AutoFilterメソッドで、「ある1日だけ」を抽出するステートメントはおわかりですね。たとえば、2020年1月1日だけを抽出するときには、次のステートメントになります。

```
Range("A1").AutoFilter Field:=1, Criteria1:="=2020/1/1"
```

ところが、Excelのバージョンやセルの書式設定によって、この正しいはずのステートメントで意図したように抽出できないことがあります。

そのさいにはちょっと工夫を加えてみましょう。次のステートメントのように、引数Criteria1に「>=」、引数Criteria2には「<=」を指定して、どちらも同じ日付を指定するのです。

```
Range("A1").AutoFilter _
    Field:=1, Operator:=xlAnd, _
    Criteria1:=">=2020/1/1", Criteria2:="<=2020/1/1"
```

このステートメントなら、問題に直面したときでも正常に「ある1日だけ」を抽出することが可能です。

フィルターで今週や今月のデータを抽出する

「今週」や「今月」のデータを抽出するというのは、簡単そうで思わず頭を悩ませてしまいますね。こうしたときには、AutoFilterメソッドの引数Operatorに「xlFilterDynamic」を指定します。

ポイント **AutoFilterメソッドの引数Operatorに「xlFilterDynamic」を指定する**

Excel操作の場合、日付の入力されている列には、「今週」や「今月」といった

97

ように抽出対象を絞り込める［日付フィルター］コマンドがあります（図2-7）。

図2-7

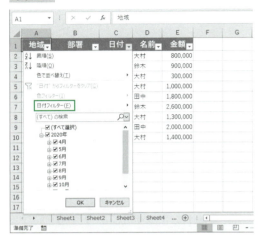

この機能をVBAで使用するには、まずAutoFilterメソッドの引数Operatorに「xlFilterDynamic」を指定します。その上で引数Criteria1に、次の表の組み込み定数を代入します。

組み込み定数	値	説明
xlFilterToday	1	当日
xlFilterYesterday	2	前日
xlFilterTomorrow	3	翌日
xlFilterThisWeek	4	今週
xlFilterLastWeek	5	先週
xlFilterNextWeek	6	来週
xlFilterThisMonth	7	今月
xlFilterLastMonth	8	先月
xlFilterNextMonth	9	来月
xlFilterThisQuarter	10	当四半期
xlFilterLastQuarter	11	前四半期
xlFilterNextQuarter	12	翌四半期
xlFilterThisYear	13	今年
xlFilterLastYear	14	前年
xlFilterNextYear	15	来年

組み込み定数	値	説明
xlFilterYearToDate	16	1年前から当日
xlFilterAllDatesInPeriodQuarter1	17	第1四半期
xlFilterAllDatesInPeriodQuarter2	18	第2四半期
xlFilterAllDatesInPeriodQuarter3	19	第3四半期
xlFilterAllDatesInPeriodQuarter4	20	第4四半期
xlFilterAllDatesInPeriodJanuary	21	1月
xlFilterAllDatesInPeriodFebruray	22	2月
xlFilterAllDatesInPeriodMarch	23	3月
xlFilterAllDatesInPeriodApril	24	4月
xlFilterAllDatesInPeriodMay	25	5月
xlFilterAllDatesInPeriodJune	26	6月
xlFilterAllDatesInPeriodJuly	27	7月
xlFilterAllDatesInPeriodAugust	28	8月
xlFilterAllDatesInPeriodSeptember	29	9月
xlFilterAllDatesInPeriodOctober	30	10月
xlFilterAllDatesInPeriodNovember	31	11月
xlFilterAllDatesInPeriodDecember	32	12月
xlFilterAboveAverage	33	平均より大きい値
xlFilterBelowAverage	34	平均より小さい値

　この表の2列目には「値」として数値が掲載されていますが、これは、組み込み定数の代わりにこの数値を指定してもいいということです。もっとも、そんなステートメントを書いたら、書いた本人ですらわからなくなりますので、代入するのはあくまでも組み込み定数にしてください。

　次のマクロは、A列（1列目）の「日付」列を基準に、「今月のデータ」だけを抽出するものです。

事例2_7　フィルターで今月のデータを抽出する
〔2-A.xlsm〕Module1

```
Sub 事例2_7()

    Range("A1").AutoFilter _
        Field:=1, _
```

フィルターの初級テクニック

```
        Operator:=xlFilterDynamic, _
        Criteria1:=xlFilterThisMonth

End Sub
```

〔2-A.xlsm〕の「Sheet7」で、まずはＡ列の日付のいくつかを「今月の日付」に修正した上でマクロを実行してください。

ONEPOINT **2月はFebruary？　Februray？**

中学1年生レベルの英語の話をします。

「2月」はいうまでもなく「February」です。

しかし、p.99の表の値「22」の組み込み定数を見ると、「xlFilterAllDatesInPeriodFebruray」と「Februray」になっています。

結論としては、残念ながらVBAのミスというしかないのですが、以前私は「February」はネイティブでもなまって発音する人が多いために、ネイティブでさえスペルを間違えることがあるという話をアメリカ人から聞いたことがあります。

いずれにしても、この組み込み定数をすべて手入力するのはあまりに面倒なので、「xlf」と入力して Ctrl ＋ Space キーを押してください。

すると、「入力候補」機能が働きますので、あとは図2-8のように下にスクロールして目的の組み込み定数を探すようにしましょう。

図2-8

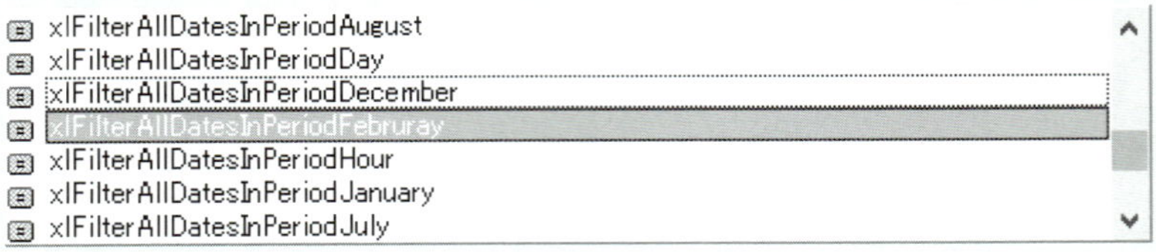

```
xlFilterAllDatesInPeriodAugust
xlFilterAllDatesInPeriodDay
xlFilterAllDatesInPeriodDecember
xlFilterAllDatesInPeriodFebruray
xlFilterAllDatesInPeriodHour
xlFilterAllDatesInPeriodJanuary
xlFilterAllDatesInPeriodJuly
```

フィルターを解除せずに全データを表示する

フィルターですでにデータが抽出されているワークシートに対して、「フィルターを解除せずに全データを表示する」ときには、ShowAllDataメソッドを使用します。

ポイント ShowAllDataメソッド

フィルターですでにデータが抽出されているワークシートに対して、「フィルターを解除せずに」、言い換えれば、「フィルターアイコンを残したままで」全データを表示したい。こんなときには、ShowAllDataメソッドを使用してください。

事例2_8　フィルターを解除せずに全データを表示する
〔2-A.xlsm〕Module1

```
Sub 事例2_8()
    If ActiveSheet.FilterMode = True Then
        ActiveSheet.ShowAllData
    End If
End Sub
```

〔2-A.xlsm〕の「Sheet8」でマクロを実行すると、図2-9のようにフィルターが解除されずに全データが表示されます。

図2-9

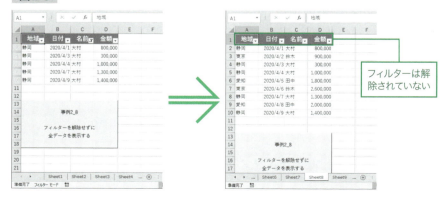

フィルターの初級テクニック

フィルターで抽出されたデータをコピーする
（抽出されなかったデータを削除する）

ここで紹介するテクニックは、AutoFilterメソッドの話ではなく、それを実行した
あとの話です。多くの人が勘違いしやすい点ですので、ここでしっかりと理解して
ください。

ポイント SpecialCellsメソッドではなくCurrentRegionプロパティを使う

　フィルターでデータを抽出すると、非表示の行ができます。となると、抽出さ
れたデータをコピーするときに、上級者ほど「可視セル」という単語が頭をよぎ
るのではないでしょうか。すなわち、VBAでいうと、可視セルだけを対象とする
「SpecialCells(xlCellTypeVisible)」メソッドが頭をよぎるということです。

　しかし、ここがExcelおよびVBAの便利なところなのですが、ただCopyメ
ソッドでコピーするだけで、抽出したデータのみをコピーすることができます。
そのような仕様になっているのです。

　ちなみに、フィルターを適用したセル範囲全体はアクティブセル領域ですの
で、CurrentRegionプロパティで取得できます。

　結果、フィルターで抽出されたデータをコピーするには次のようなマクロを
作ればよいことになります（「SpecialCells(xlCellTypeVisible)」メソッドを
使ってもエラーは発生しません）。

事例2_9　フィルターで抽出されたデータをコピーする
　　　　　〔2-A.xlsm〕Module1

```
Sub 事例2_9()
    Range("A1").AutoFilter Field:=3, Criteria1:="大村"
    Range("A1").CurrentRegion.Copy Worksheets("Sheet9_2").─┐
                                              └→ Range("A1")
End Sub
```

〔2-A.xlsm〕の「Sheet9」でマクロを実行すると、C列（3列目）が「大村」
のデータだけが抽出されて、図2-10のように「Sheet9_2」にコピーされます。

102

図2-10

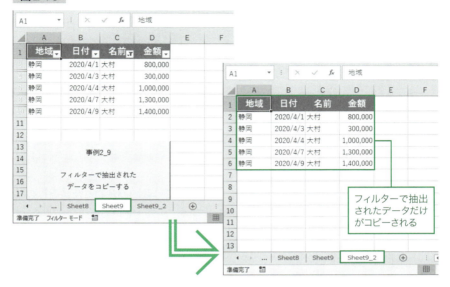

　また、このマクロでは1行目が見出し行なので、データが1件も抽出されない場合でも見出し行がコピーされて貼り付けられます。
　仮に、「データだけをコピーしたい。見出しは不要」ということでしたら、マクロの最後に次のステートメントを付け加えて、1行目の見出し行を削除してください。

```
Worksheets("Sheet9_2").Rows(1).Delete
```

(ONEPOINT) **フィルターで抽出されなかったデータを削除する**

　フィルターで抽出されたデータをコピーしたいのであれば、「フィルターで抽出されなかったデータを削除したい」という要望もありそうですね。
　このやり方は何種類もありますが、ここで紹介した方法で、フィルターで抽出されたデータが「別のシート」にコピーされるわけですから、「もとのシート」を削除してしまえばいいだけの話です。
　おそらく、これがもっともてっとり早く、また、もっともわかりやすい「フィルターで抽出されなかったデータを削除する」方法だと思います。

フィルターの上級テクニック

フィルターで特定の文字を含む／
含まないデータを抽出する

フィルターで特定の文字を含む、もしくは含まないデータを抽出するのは意外に簡単です。ワイルドカードと呼ばれる特殊文字の扱いさえ理解してしまえば、苦労することはないでしょう。

ポイント AutoFilterメソッドでワイルドカード (*) を組み合わせた値を扱う

フィルターの抽出条件に文字列を使用する場合には、「"=*村*"」のようにワイルドカード (*) が使えます。

検索条件文字列	意味
＝村*	「村」で始まる文字列
＝*村	「村」で終わる文字列
＝*村*	「村」を含む文字列
＝村???	「村」で始まる4文字の文字列

次のマクロは、C列（3列目）の「名前」列で「村」を含むデータを抽出するものです。

事例2_10　フィルターで特定の文字を含むデータを抽出する
〔2-B.xlsm〕Module1

```
Sub 事例2_10()
    Range("A1").AutoFilter Field:=3, Criteria1:="=*村*"
End Sub
```

〔2-B.xlsm〕の「Sheet1」でマクロを実行すると、図2-11のように名前に

「村」を含むデータだけが抽出されます。

図2-11

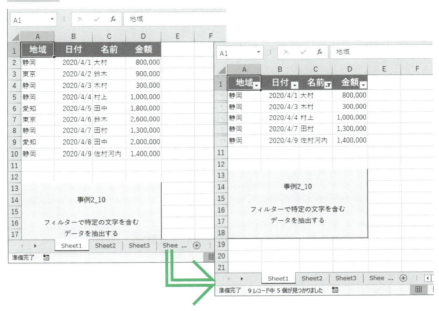

また、逆に「村」を含まないデータを抽出する場合には、先頭に「<>」を付加します。

```
Range("A1").AutoFilter Field:=3, Criteria1:="<>*村*"
```

フィルターで数字の末尾をもとに抽出する

ここで紹介するのはAutoFilterメソッドのテクニックではありますが、一筋縄ではいきません。ただし、決して難しい話ではありませんので、マクロを丁寧に解説していきます。

ポイント **AutoFilterメソッド、「数値」を「文字列」にする**

ここでは、「伝票番号の末尾が9のものは、特別割引をしたデータである」と

フィルターの上級テクニック

仮定しましょう。そして、その特別割引のデータ、すなわち数字の末尾が「9」のデータだけを抽出したい。こんなケースを想定してください。

もし、伝票番号がA列に入力されていたら、A列には数値が入力されていて、そこには「309」とか「429」などの数値が並んでいるわけです。

では、こうしたケースで、「末尾が9のデータだけを抽出する」にはどうしたらいいのでしょうか。

このような場合の対処法はいくつか考えられますが、ここでは数値データの冒頭にシングルクォーテーション（'）を付加して、「数値」を「文字列」と認識させた上で、その文字列データを抽出する方法を紹介します。

次のマクロは、セル範囲A1:C10のA列（1列目）で、末尾が「9」のデータだけをフィルターで抽出するものです。

事例2_11　フィルターで数字の末尾をもとに抽出する
〔2-B.xlsm〕Module1

```vba
Sub 事例2_11()
    Dim myRange As Range

    For Each myRange In Range("A1:C10").Columns(1).Cells
        myRange.Value = "'" & myRange.Value
    Next

    Range("A1:C10").AutoFilter Field:=1,
                         Criteria1:="=*" & "9"          ── ❶
End Sub
```

❶では、対象となるのは末尾の数字だけで、その前の数字はなんでもいいので、前項で解説したワイルドカード（*）のあとに「9」を結合することで、結果的に末尾の数字が「9」のデータだけを抽出しています。

〔2-B.xlsm〕の「Sheet2」でマクロを実行すると、図2-12のように末尾の数字が「9」のデータだけが抽出されます。

106

図2-12

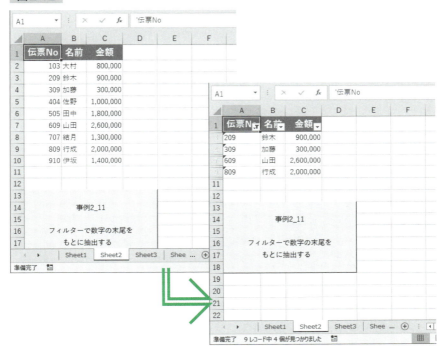

フィルターで「あ行」のデータを抽出する

ここで紹介するテクニックは、Like演算子や、動的配列の要素数を変更するReDimステートメントが登場するなど、かなり高度な内容となっています。焦らずにじっくり理解してください。

> **ポイント** Like演算子、ReDimステートメント、UBound関数

　ここで紹介するテクニックは、動的配列を理解していないとまったく話についてこられません。そこで、少しページを割いて、まずは動的配列について解説します。

　ほとんどのケースにおいて、配列の要素数はマクロを作成するときにはすでに決定しています。そこで、変数を次のように宣言します。

フィルターの上級テクニック

```
Dim myWeek(6) As String
```

　ちなみに、要素数は「0」から始まりますので、これで7個の「myWeek」という変数を宣言したことになります。そして、このような配列を「静的配列」と呼びます。

　しかし、今回テーマとなっているテクニックもそうですが、状況しだいでは、マクロを実行しなければ要素数が確定しないケースもあります。
　こうしたケースでは、「要素数は未定である」と配列を宣言して、マクロの実行中にReDimステートメントで要素数を確定します。
　このような配列を、静的配列に対して「動的配列」と呼びます。

　このReDimステートメントは、マクロ内で何回でも使用することができます。つまり、配列の要素数はマクロ内で何回でも変更できるわけです。
　しかし、ReDimステートメントには配列に格納された値を破棄してしまうという性質があります。
　つまり、配列に5個のデータが格納された状態でReDimステートメントを使うと、その5個のデータが消滅してしまうということです。
　そして、その5個のデータを残したまま配列の要素数を変更する、すなわち、ReDimステートメントを使うときには、Preserveキーワードとセットで使用します。

　もう1つだけ配列変数の話をします。
　VBAには、配列のサイズを求めるために、LBound関数とUBound関数の2つの関数が用意されています。

● LBound関数

配列のインデックス番号の下限値を求めます。

● UBound関数

配列のインデックス番号の上限値を求めます。

　さて、では本題に入ります。ここでのテーマは、「フィルターで「あ行」のデータを抽出する」でした。
　まず、p.92のマクロ「事例2_4」をもう一度見てください。AutoFilterメソッドの引数Operatorに「xlFilterValues」を指定し、引数Criteria1に「3個の値」を配列として指定していましたね。

　ここでも同様のテクニックを、Like演算子と組み合わせます。
　Like演算子は、文字列と文字列パターンを比較し、その結果を「True」または「False」で返します。そして、文字列パターンには次の表のような値を指定します（ワイルドカードの使用は制限があります）。

フィルターの上級テクニック

記号	意味	使用例	「True」を返す文字列の例
?	任意の1文字	静岡?	静岡県　静岡市　静岡版
*	0個以上の任意の文字	静岡*	静岡県　静岡市　静岡版　静岡銀行 静岡市清水区
#	1文字の数値	##	03　32　74
[ ]	[ ]内に指定した文字の中の1文字	[A-E]	A　B　C　D　E
[!]	[ ]内に指定した文字の中に 含まれない1文字	[!A-E]	F　G　H　I　J　K

　そして、このLike演算子の特性を利用して、「あ行」で始まるリストを作成
し、抽出します。
　次のマクロは、C列の「ふりがな」列の「あ行」の値のリストを作成し（❶）、
そのリストをAutoFilterメソッドの引数に指定して目的のデータを抽出してい
ます（❷）。

事例2_12　フィルターで「あ行」のデータを抽出する
〔2-B.xlsm〕Module1

```
Sub 事例2_12()
    Dim myTable As Range, myRange As Range
    Dim myHensu() As Variant

    Set myTable = Range("A1").CurrentRegion

    ReDim myHensu(0)

    For Each myRange In myTable.Columns(3).Cells

        If myRange.Value Like "[あいうえお]*" Then          ──❶

            ReDim Preserve myHensu(UBound(myHensu) + 1)

            myHensu(UBound(myHensu)) = myRange.Value
        End If

    Next
```

110

```
            myTable.AutoFilter Field:=3, Operator:=xlFilterValues, ⏎
                                     ↳ Criteria1:=myHensu ——❷
End Sub
```

〔2-B.xlsm〕の「Sheet3」でマクロを実行すると(マクロボタンはセルA31にあります)、図2-15のように「あ行」のデータだけが抽出されます。

図2-15

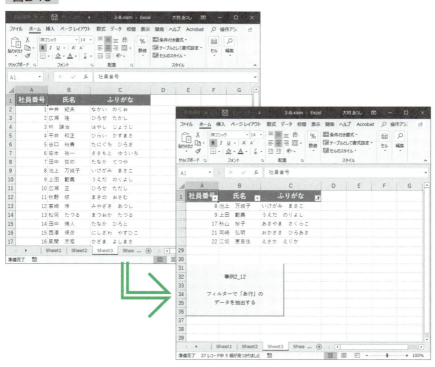

フィルターの上級テクニック

フィルターの抽出結果のみを集計する

「フィルターの抽出結果の集計」は、実はVBAよりもExcelの一般操作の話になります。そのことを知っている人であれば、すぐにSUBTOTALワークシート関数が頭に浮かぶのではないでしょうか。

ポイント SUBTOTALワークシート関数を使う

　フィルターでデータを抽出し、抽出された金額だけを集計したいというときには、SUBTOTALワークシート関数を使用します。ちなみに、SUM関数を使うと、非表示の金額（抽出されなかった金額）まで集計してしまいます。

　このSUBTOTALワークシート関数の引数と使用用途をまとめます。

引数	使用用途	抽出していないときの関数
1	平均を求める	AVERAGE
2	データの個数を求める	COUNT
3	空白でないデータの個数を求める	COUNTA
4	最大値を求める	MAX
5	最小値を求める	MIN
6	積を求める	PRODUCT
7	標本から標準偏差を求める	STDEV
8	母集団から標準偏差を求める	STDEVP
9	合計を求める	SUM
10	標本から分散を求める	VAR
11	母集団から分散を求める	VARP

　この表から、フィルターで抽出された金額だけを集計するときには、SUBTOTALワークシート関数の第1引数に「9」を指定すればよいことがわかります。

次のマクロは、C列（3列目）で「大村」だけをフィルターで抽出したあとにD列の抽出された金額の合計を求めるものです。また、SUMワークシート関数との違いがわかるように、両方の結果がメッセージボックスに表示されます。

事例2_13　フィルターの抽出結果のみを集計する
〔2-B.xlsm〕Module1

```
Sub 事例2_13()
    Dim mySubTotal As Long, mySum As Long

    Range("A1").AutoFilter Field:=3, Criteria1:="=大村"

    mySubTotal = Application.WorksheetFunction.Subtotal(9, ⌐
                                          ⌐→ Range("D:D"))
    mySum = Application.WorksheetFunction.Sum(Range("D:D"))

    MsgBox "抽出の合計:" & mySubTotal & vbCrLf & _
            "全体の合計:" & mySum
End Sub
```

〔2-B.xlsm〕の「Sheet4」でマクロを実行すると、図2-16のメッセージボックスが表示されます。

フィルターの上級テクニック

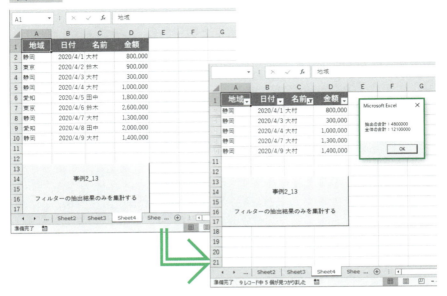

図2-16

フィルターで抽出したデータ件数を取得する

AutoFilterオブジェクトには、抽出したデータ件数を取得するプロパティはありませんが、前項で紹介したSUBTOTALワークシート関数でフィルターで抽出したデータ件数を取得することができます。

ポイント SUBTOTALワークシート関数を使う

　フィルターで抽出したデータ件数を取得する方法は、前項の続きのようなものですので、解説の必要もないほど簡単です。そうです。SUBTOTALワークシート関数を使えばよいのです。

　p.112の一覧表を見てください。フィルターを実行したあとのデータ件数を取得するときには、SUBTOTALワークシート関数の第1引数に「3」を指定すれば、フィルターによって非表示になっているデータを除いたデータの個数を求められます。

　次のマクロは、C列（3列目）で「大村」だけをフィルターで抽出したあとに、抽出されたデータ件数を取得しています。また、見出し行を除くために、

SUBTOTALワークシート関数の結果から「1」減算している点に注意してください。

事例2_14　フィルターで抽出したデータ件数を取得する
〔2-B.xlsm〕Module1

```vba
Sub 事例2_14()
    Dim i As Long
    
    Range("A1").AutoFilter Field:=3, Criteria1:="=大村"
    
    i = Application.WorksheetFunction.Subtotal(3, Range("A:A")) - 1
    
    MsgBox "抽出した件数:" & i
End Sub
```

〔2-B.xlsm〕の「Sheet5」でマクロを実行すると、図2-17のメッセージボックスが表示されます。

図2-17

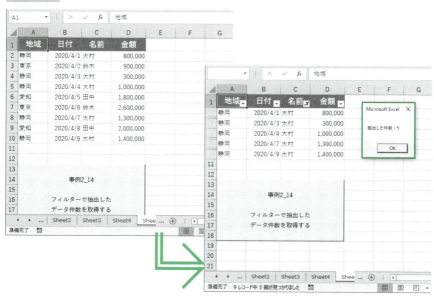

Part

3

マクロ開発時に
意外に思いつかない

アイデア
テクニック

Part 3で身につけること

　Part 3では、タイトルどおり、マクロ開発時に意外に思いつかない「アイデアテクニック」を中心に解説します。

　そもそも、そのコマンドを知らないという事例もあるかもしれませんが、みなさんは「知識」は持っているのに、それをもとにしたマクロがどうしても作れない、そんな経験はありませんか？　もし、そうした経験をしているのであれば、その原因は「アイデア」が思い浮かばないからではないでしょうか。

　ただし、これは誰もが通る道であり、誰にも批判することはできません。

　それよりも、幸いなことは、みなさんは「知識」はすでに持っているわけです（中には知らないコマンドもいくつか含まれるかもしれませんが）。

　であるならば、それに「アイデア」というスパイスを振りかけるだけで、その「知識」は「1ランク上の知識」として血と肉となり、この先ずっと使い続けることができるのです。

［選択オプション］ダイアログボックスをVBAで使いこなす

　p.121に図を掲載しますが、Excelには［選択オプション］というダイアログボックスがあります。これは、VBAでは「SpecialCellsメソッド」になるのですが、Part 3では最初にSpecialCellsメソッドを紹介します。

　みなさんの中には、［選択オプション］ダイアログボックスのすごさ、便利さを痛感している人が少なからずいるでしょう。

　その［選択オプション］ダイアログボックスをそのままVBAのコマンドにしたSpecialCellsメソッドも同様に「すごくて便利」なわけです。

　都合のいいことにマクロ記録でもある程度までコードが作れますし、なによりも使い方さえ覚えてしまえば難しいことはありませんので、一緒に学んでいきましょう。

118

ウィンドウ操作テクニックでマクロの結果の見栄えをよくする

たとえば、マクロを実行して、最後にセルG5がアクティブセルになるとします。そして、そのセルG5を画面の左上に表示したい。

必要な人は本当に知りたいテクニックだと思いますが、このケースではマクロ記録がなんの役にも立ちません。

というよりも、「ウィンドウ操作」全般、言い換えれば「画面のスクロール」はマクロ記録がもっとも不得手とするところです。

そこで、第2節（➡p.125 〜）では、こうした「ウィンドウを操作する」テクニックを紹介します。

第5節こそアイデアマクロの真骨頂

第1〜第4節でももちろん有用なテクニックを多数紹介しますが、Part 3の真骨頂は、第5節（➡p.148 〜）の「For...Nextステートメントのアイデアテクニック」だと私は考えています。

こんなことをいうと、「For...Nextステートメントなんて、Ifステートメントと並ぶ初歩中の初歩ではないか」と思う人もいるでしょう。

しかし、第5節をざっと眺めてみてください。

ここで出てくる「1行おきにセルに背景色を塗る」「1行おきに行を挿入する」「5行おきに罫線を引く」マクロをみなさんは作れますか?

仮に「作れない」という回答でも、こうしたマクロはVBAの解説書を1冊読めば作れるものばかりです。それなのに作れないのは、「知識」はあるけれど「アイデア」がないためです。

だからこそ、第5節を理解すれば、ループ処理はこわいものなしになり、みなさんのVBAスキルは大きくジャンプアップします。

Part 3は「アイデアの宝庫」ですので、すでに持っている知識にさらに磨きをかけてください。

SpecialCellsメソッドを
簡単に使うテクニック

数式の保護、数値、文字列、可視セル、エラーの
セルの操作

「SpecialCellsメソッド」を知らないと身構えてしまいそうですが、その正体はExcelの［選択オプション］ダイアログボックスです。マクロ記録でも作れるものですので気軽に取り組んでください。

ポイント **Ctrl** + **G** キーで開く［選択オプション］ダイアログボックス

　Excelで **Ctrl** + **G** キーを押すと、図3-1のように［ジャンプ］ダイアログボックスが開きます。

図3-1

　そして、このダイアログボックスで［セル選択］ボタンをクリックすると、図3-2のように［選択オプション］ダイアログボックスが開きます。

図3-2

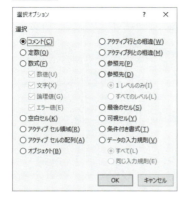

　この［選択オプション］ダイアログボックスをひと目見れば、さまざまなセルが選択できることがわかると思います。
　また、この［選択オプション］ダイアログボックスでの操作はマクロ記録することができます。ただし、マクロ記録では組み込み定数ではなく「値」で記録されるケースもありますので、そうした意味でも、ここでの解説に目を通してください。

　たとえば、図3-3のように「数式」を選ぶ操作は、VBAでは次のステートメントになります。

図3-3

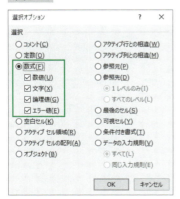

SpecialCellsメソッドを簡単に使うテクニック

```
Cells.SpecialCells(Type:=xlCellTypeFormulas).Select
```

マクロ記録では、第2引数に「23」と記録されますが、これはチェックを入れた4つのチェックボックスの合計値なので、省略してもかまいません。

チェックボックスの「エラー値」だけを選択すれば、「数式にエラーを含むセル」だけがすべて特定できます。
すなわち、次のステートメントで、エラーを含む数式をクリアすることができます。

```
Cells.SpecialCells(xlCellTypeFormulas, xlErrors).Value = ""
```

また、次のマクロで数式が入力されているセルだけを保護する、という使い方もできます。

```
Sub Sample()
    Selection.Locked = False

    '数式が入力されているセルを選択する
    Selection.SpecialCells(xlCellTypeFormulas).Select

    '数式が入力されているセルだけを保護する
    Selection.Locked = True

    'シートを保護する
    ActiveSheet.Protect
End Sub
```

以下、あまりくどい説明は不要だと思いますので、VBAのステートメントだけをいくつか紹介します。

122

次のステートメントは、「数値が入力されているセル」を選択するものです。

```
Cells.SpecialCells(Type:=xlCellTypeConstants,
                            Value:=xlNumbers).Select
```

次のステートメントは、「文字列が入力されているセル」を選択するものです。

```
Cells.SpecialCells(Type:=xlCellTypeConstants,
                            Value:=xlTextValues).Select
```

　手作業で行や列を非表示にしたり、フィルターを実行して非表示の行があるときに、表示されているセル、すなわち「見えているセル」のことを「可視セル」と呼びます。そして、この可視セルを取得するには、SpecialCellsメソッドの第1引数に「xlVisible」を指定して次のように使用します。

```
MsgBox Cells.SpecialCells(xlVisible).Address
```

　なお、ここで紹介した6つのステートメントは、〔3-A.xlsm〕の「Module1」に記載しています。

空白セルの行を削除する

空白セルを取得するときには、SpecialCellsメソッドの第1引数に「xlCellTypeBlanks」を指定して使用しますが、ここでは、空白セルの行をすべて削除する方法を解説します。

（ポイント）SpecialCellsメソッドの引数「xlCellTypeBlanks」、
　　　　　　EntireRowプロパティ

図3-4を見てください。

123

■ SpecialCellsメソッドを簡単に使うテクニック

図3-4

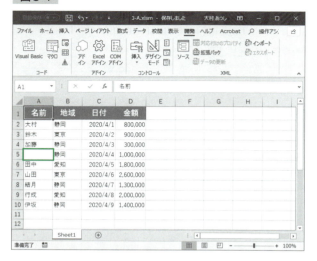

A列が「名前」ですが、セルA5が空白になっています。そして、この空白セルがある行の売上データはもう必要ないと仮定します。

このような場合、空白セルがある「行全体」を削除しなければなりません。

こうしたケースでは、まず、SpecialCellsメソッドの第1引数に「xlCellTypeBlanks」を指定して空白セルを取得し、EntireRowプロパティで空白セルを含む行全体を対象に削除を実行します。

その処理を行っているのが、次のマクロです。

事例3_1　空白セルの行を削除する
〔3-A.xlsm〕Module1

```
Sub 事例3_1()
    Range("A1:D10").SpecialCells(xlCellTypeBlanks).EntireRow.Delete
End Sub
```

〔3-A.xlsm〕の「Sheet1」でマクロを実行すると、5行目がそっくり削除されることが確認できます。

ウィンドウを操作するテクニック

ウィンドウ内に表示されているセル範囲を取得する

ウィンドウ内に表示されているセル範囲を取得するテクニックを覚えると、「ウィンドウ枠を固定しているセル」を取得できるようになります。

ポイント VisibleRangeプロパティを使用する

あくまでも私の感覚ですが、VBAに精通した人でも、「現在、ウィンドウ内に表示されているセル範囲を取得する」テクニックを知っている人は少ないように思います。

さて、図3-5では、セルA1:J21がウィンドウ内に表示されています。

図3-5

ウィンドウを操作するテクニック

21行目とJ列はすべてが表示されてはいませんが、一部でも表示されていれば「表示されている」とみなします。もっとも、わずかしか表示されていないと「表示されていない」とみなされることもあり、ここはあまり厳密ではありません。

VBAには、この表示されているセル範囲を取得する VisibleRange プロパティという便利なコマンドがあります。

この VisibleRange プロパティは、次のマクロのように Window オブジェクトに対して使用します。

事例3_2　ウィンドウ内に表示されているセル範囲を取得する
〔3-B.xlsm〕Module1

```
Sub 事例3_2()
    MsgBox ActiveWindow.VisibleRange.Address
End Sub
```

〔3-B.xlsm〕の「Sheet1」でマクロを実行すると、図3-6の結果が得られます。

図3-6

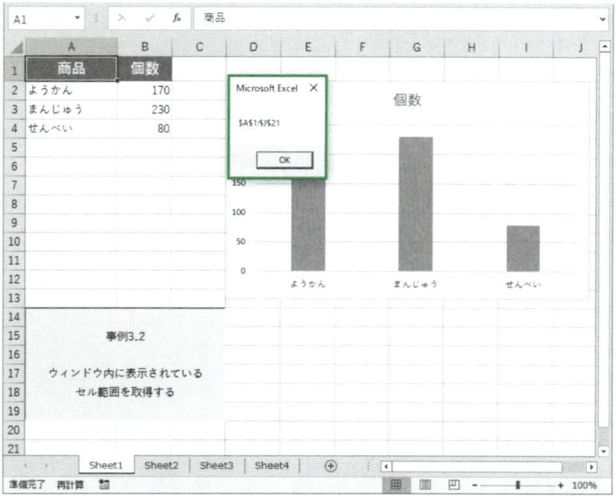

126

ONEPOINT **ウィンドウ枠の固定とVisibleRangeプロパティ**

ワークシートに対してウィンドウ枠の固定を行っていると、VisibleRangeプロパティですべてのセルを取得することはできません。

たとえば、セルC3でウィンドウ枠を固定している場合は、VisibleRangeプロパティは、図3-7のようにセルA1が見えていてもセルC3を返します。

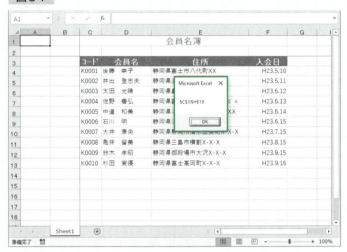

図3-7

スクロール範囲を制限する（スクロールエリア）

ここでは、「スクロールエリア」を解説します。「スクロールできるセル範囲を制限する」テクニックで、作るマクロがより洗練されたものになります。

ポイント **VBEの［プロパティ］ウィンドウかマクロで ScrollAreaプロパティを使う**

Excelではスクロール範囲を制限することができます。
この機能によって、データの閲覧可能範囲を制限したり、逆に、大量のデータの閲覧の機能性を上げるなど、データベースの使い勝手が劇的に向上します。

制限されたスクロール範囲のことを「スクロールエリア」と呼びますが、スクロールエリアは、図3-8のように、VBEで目的のワークシートを選択し、[プロパティ]ウィンドウで設定することができます。

図3-8

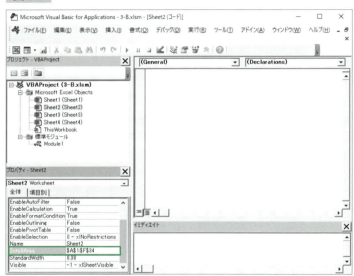

ただし、スクロールエリアが可変の場合には、毎回、[プロパティ]ウィンドウで設定するのも面倒です。しかし、[プロパティ]ウィンドウで設定できるのであれば、当然、マクロの中でもスクロールエリアの設定は可能です。

次のマクロでは、ScrollAreaプロパティでスクロールエリアをセルA1:F34に設定しています。

事例3_3 スクロール範囲を制限する（スクロールエリア）
〔3-B.xlsm〕Module1

```
Sub 事例3_3()
    Worksheets("Sheet2").ScrollArea = "A1:F34"
End Sub
```

では、まず〔3-B.xlsm〕の「Module1」にあるマクロ「事例3_3」をVBE上で実行してください（「事例3_3」の中にマウスカーソルを置いて F5 キーを押します）。すると、「Sheet2」にスクロールエリアが設定されるので、セル範囲A1:F34にスクロール範囲が制限されることを確認してください。

ちなみに、このマクロは、ブックを開いたときに実行されるWorkbook_Openイベントプロシージャ（➡p.78）として作成するのもよいでしょう。

アクティブセルを画面の左上に表示する

VBAでは、セルを選択しなくても「値の入力」「コピー＆ペースト」などができますが、セルを選択しなければならないケースもあります。ここでは、選択されたセルを左上に表示する方法を紹介します。

（ポイント）ScrollRow プロパティと
ScrollColumn プロパティを使用する

マクロの中でさまざまなセルを選択しながら、そのセルに対して「値の入力」「値の削除」「コピー＆ペースト」などを行うと、最後に選択されたセルがアクティブセルになります。

こうしたマクロを作ったときに、たとえばブックを閉じるさいに自動実行されるWorkbook_BeforeCloseイベントプロシージャの中で、すべてのシートのセルA1を画面左上にしてからブックを閉じる、といった使い方をすれば、次にブックを開いたときに手間が省けますし、他人がそのブックを使うのであれば「人にやさしい」マクロになりますね。

このように、アクティブセルを画面の左上に表示するときには、Windowオブジェクトの ScrollRow プロパティと ScrollColumn プロパティを使用してください。

次のマクロでは、セルX50を画面の左上に表示しています。

ウィンドウを操作するテクニック

事例3_4　アクティブセルを画面の左上に表示する
〔3-B.xlsm〕Module1

```
Sub 事例3_4()
    Range("X50").Select

    With ActiveWindow
        .ScrollRow = ActiveCell.Row
        .ScrollColumn = ActiveCell.Column
    End With
End Sub
```

　実際に、〔3-B.xlsm〕の「Sheet3」でマクロを実行して（マクロボタンはセルY51にあります）、セルX50が画面の左上に表示されることを確認してください。

　なお、私はいつもScrollRowプロパティとScrollColumnプロパティを使用しますが、同様の処理はGotoメソッドを使った次のステートメントでも実現できます。

```
Application.Goto Reference:=Range("X50"), Scroll:=True
```

ONEPOINT　**セルを画面中央に表示する方法**

　「画面の左上に表示する方法」はこれまでの説明でわかったと思いますが、では、「画面表示外のセルを画面中央に表示する」にはどうしたらよいのでしょうか。
　実は、これは盲点なのですが、方法は極めて簡単で、次のように目的のセルを選択するだけです。

```
Range("BA200").Select
```

　これでセルBA200が画面中央に表示されます。

130

任意のセル範囲を画面いっぱいに表示する

たとえば、ワークシートに伝票を作成して、ユーザーにセルに値を入力してもらうマクロがあるとします。こうしたケースで、伝票を画面いっぱいに表示するテクニックがあります。

> (ポイント) **セル範囲を選択してZoomプロパティにTrueを代入する**

ウィンドウのサイズを変更する方法はよく知られているので、本書ではステートメントを紹介するにとどめますが、次のステートメントでウィンドウのサイズは「1024×768」になります。

```
With ActiveWindow
    .WindowState = xlNormal
    .Width = 1024
    .Height = 768
End With
```

また、ウィンドウの位置を変更する方法も王道のテクニックだと思いますが、次のステートメントでウィンドウは左上に表示されます。

```
With ActiveWindow
    .WindowState = xlNormal
    .Left = 0
    .Top = 0
End With
```

さて、ここでの本題は、「あるセル範囲をウィンドウいっぱいに表示する」テクニックです。

図3-9を見てください。

ウィンドウを操作するテクニック

図3-9

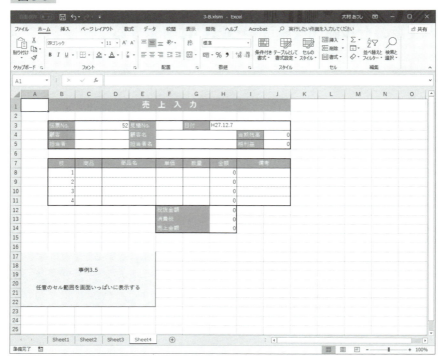

ワークシートに伝票が作成されていますが、この場合、セルA1:K15を画面いっぱいに表示したいところですね。

このようなケースでは、次のマクロのように、まず画面に表示したいセル範囲を選択してから、Zoomプロパティに「True」を代入します。

事例3_5　任意のセル範囲を画面いっぱいに表示する
〔3-B.xlsm〕Module1

```
Sub 事例3_5()
    Range("A1:K15").Select
    ActiveWindow.Zoom = True
    Range("A1").Select
End Sub
```

〔3-B.xlsm〕の「Sheet4」でマクロを実行すると、セルA1:K15が画面いっぱいに表示されます（縦と横の比率の関係で、図3-10ではセルK18まで表示されています）。

図3-10

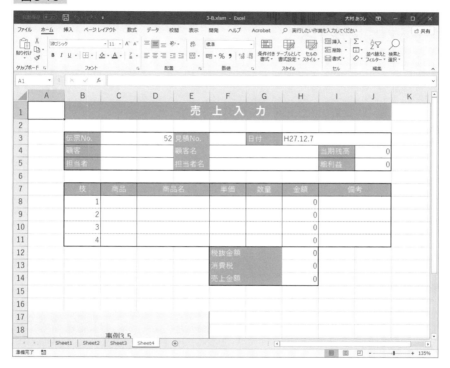

ブックとシートを操作するテクニック

現在実行中のマクロが記述されている
ブックを操作する

ここでは、おそらく一度は目にしたことがある ThisWorkbook プロパティを紹介します。ActiveWorkbook プロパティとは似て非なるものですので、きちんと理解してください。

> **ポイント** **ThisWorkbook プロパティを使う**

　現在実行中のマクロが記述されているブックというのは、もちろんマクロの種類にもよりますが、通常はアクティブブックであることが大半です。となれば、ActiveWorkbook プロパティを使用すればよいということです。

　実際のところ、このプロパティを使っていれば通常は問題ないのですが（少なくとも私はこれまでにトラブルに直面したことは一度もありません）、ActiveWorkbook プロパティは、あくまでも「現在アクティブなブック」を参照するプロパティです。

　したがって、「A」というブックのマクロで「B」というブックをアクティブにしたとき、ActiveWorkbook プロパティが参照するのは、「B」であって「A」ではありません。

　では、このようなときに「A」を参照するにはどうしたらいいのでしょうか。「A」と名前がわかっているので、「Workbooks("A.xlsm")」のようなコードを書けばそれで要件を満たせますし、このコードにはなんら間違いはありません。

　しかし、中上級者になると、こうしたケースで、「現在実行中のマクロが記述されているブックを参照する ThisWorkbook プロパティ」を使う人も数多く見受けられます。

　個人的には、そもそもブックを複数開き、ブック間を行ったり来たりするようなマクロは推奨できませんので、基本的に私は ActiveWorkbook プロパティだ

134

けで事が足りていますが、そうはいっても、ThisWorkbookプロパティはさまざまな解説書にも登場しますので、ぜひとも覚えておきたいコマンドであることは事実です。

次のマクロは、ThisWorkbookプロパティを使用して、現在実行中のマクロが記述されているブックの名前をメッセージボックスに表示します。

事例3_6　現在実行中のマクロが記述されているブックを操作する
〔3-C.xlsm〕Module1

```
Sub 事例3_6()
    MsgBox "現在実行中のマクロが記述されているブック：" _
        & ThisWorkbook.Name
End Sub
```

〔3-C.xlsm〕の「Sheet1」でマクロを実行すると、図3-11のメッセージボックスが表示されます。

図3-11

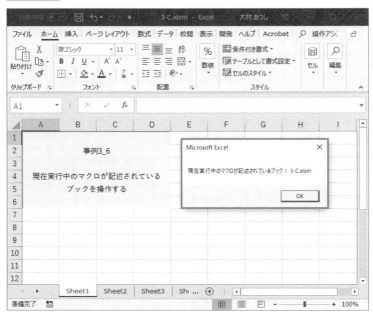

ブックとシートを操作するテクニック

ブックの変更を保存せずにExcelを終了する

ここでは、ブックを保存するときに表示される確認メッセージを表示させずに
Excelを終了させてしまうテクニックを紹介します。難易度は高くありません
が、意外に知られていない手法です。

ポイント Savedプロパティ、Quitメソッド

Workbookオブジェクトの Savedプロパティは、ブックの内容が変更されて
(厳密には、変更していなくても「セル内編集」などの特定の操作も「変更した」
とみなされます)、しかし、そのブックを保存していないときには「False」を返
します。

逆に、ブックの内容を変更していなかったり、変更したけれど上書き保存をし
た、というときには「True」を返します。

これだけでしたらあまりSavedプロパティのありがたみはわからないのです
が、このSavedプロパティは値を設定することができます。

すなわち、Savedプロパティに「True」を指定すると、「変更して未保存のブッ
ク」を、「保存済みブック」にしてしまうことが可能なのです。これは、実際に
ブックを保存するわけではなく、「保存したように見せかける」という意味です。

結果、ブックを閉じるさいに、上書き保存の確認メッセージが表示されません。

次のマクロはこの特性を利用して、現在Excel上で開いているすべてのブック
を「見かけ上は保存済み」状態にした上で、Excel自体を終了するものです。

ちなみに、Excelの終了はApplicationオブジェクトのQuitメソッドで行っ
ています。

事例3_7　ブックの変更を保存せずにExcelを終了する
〔3-C.xlsm〕Module1

```
Sub 事例3_7()
    Dim myButton As Long, myWB As Workbook
```

```
        myButton = MsgBox("変更を保存せずにExcelを終了します", vbYesNo)
        
        If myButton = vbYes Then
        
            For Each myWB In Workbooks
                myWB.Saved = True
            Next
            
            Application.Quit
        End If
End Sub
```

〔3-C.xlsm〕の「Sheet2」でマクロを実行すると、図3-12のメッセージボックスが表示されます。[はい] ボタンを選択すると、変更が反映されずにExcelが終了してしまいますので、実行するときには十分に注意してください。

図3-12

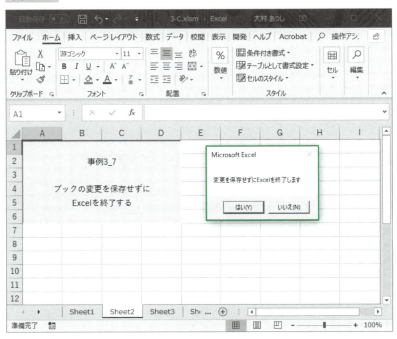

ブックとシートを操作するテクニック

ユーザーが再表示できないように
シートを非表示にする

ワークシートを非表示にするというのは、あまりに初歩的で、しかもマクロ記録で作成できます。学ぶべきことなどなにもないように思えますが、手作業ではできないVBAならではの非表示の方法があります。

ポイント Visibleプロパティに「xlSheetVeryHidden」を代入する

　みなさんは、非表示にしたシートは、シート見出しを右クリックして表示されるメニューから［再表示］コマンドを選択することで、必ず再表示できると思っていませんか。

　ちなみに次のステートメントは、Visibleプロパティに「xlSheetHidden」を代入して「Sheet3」を非表示にするものです。

```
Worksheets("Sheet3").Visible = xlSheetHidden
```

　確かに、こうして非表示になったワークシートは、ユーザー操作でふつうに再表示できます。ところが、VBAを使うと、ユーザーが再表示できないようにシートを隠すことができるのです。

　次のマクロも「Sheet3」を非表示にするものですが、このようにVisibleプロパティに「xlSheetVeryHidden」を代入すると、ユーザー操作ではワークシートを再表示することができません。

事例3_8　ユーザーが再表示できないようにシートを非表示にする
　　　　〔3-C.xlsm〕Module1

```
Sub 事例3_8()
    Worksheets("Sheet3").Visible = xlSheetVeryHidden
End Sub
```

　〔3-C.xlsm〕の「Sheet3」でマクロを実行すると、図3-13のようにユーザー操作では「Sheet3」を再表示することができなくなります。

138

図3-13

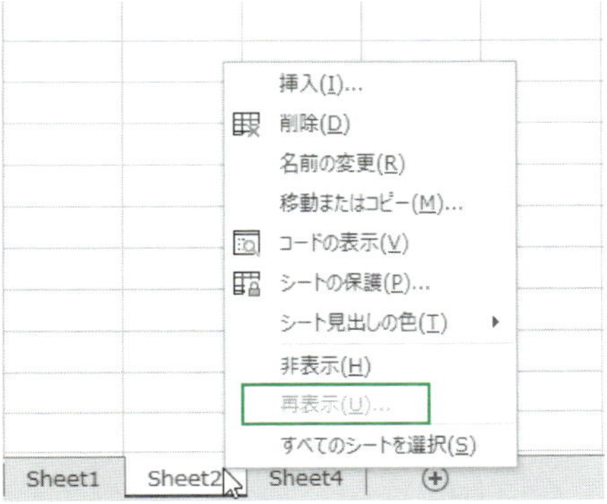

　なお、こうして非表示にしたシートを再表示するには、次のようにVisibleプロパティにTrueを代入します。

```
Worksheets("Sheet3").Visible = True
```

　実際に、〔3-C.xlsm〕のVBEで、マクロ「事例3_8_2」を実行して「Sheet3」を再表示してください。

連番でワークシートを複数作成する

「1月」から「12月」までの12枚のワークシートを作成する程度なら手作業で十分ですが、「1」から「100」まで100枚のワークシートとなると、ぜひともマクロで自動化したいところですね。

ポイント ループ処理、Addメソッド、Countプロパティ、Nameプロパティ

　連番でワークシートを複数作成するのは、決して難しいテクニックではありません。

　ただし、ここでは、ワークシートの名前は、AddメソッドとNameプロパティを組み合わせて、1つのステートメントで設定できることをぜひとも覚えてください。

　多くの解説書で見かけますが、次のように2行に分ける必要はありません。

139

× 理想的ではないステートメント

```
Worksheets.Add
ActiveSheet.Name = "売上データ"
```

次のマクロでは、「WORK1」から「WORK5」の名前で、連番でワークシートを作成しています。

事例3_9 連番でワークシートを複数作成する
〔3-C.xlsm〕Module1

```
Sub 事例3_9()
  Dim i As Long
  
  For i = 1 To 5
    Worksheets.Add(After:=Worksheets(Worksheets.Count)).Name = _
                                                    "WORK" & i
  Next i
End Sub
```

〔3-C.xlsm〕の「Sheet4」でマクロを実行すると、図3-14のようにワークシートが5枚追加されます。

図3-14

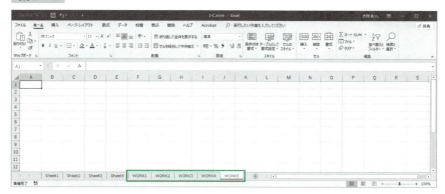

Part
3

マクロ開発時に意外に思いつかない[アイデア]テクニック

セルの応用テクニック

セルに名前を定義する

セルに名前を定義する方法はマクロ記録で作れます。そのマクロは正常に動きますので、それでいいという人もいるでしょうが、残念ながらマクロ記録のマクロはとても推奨できたものではありません。

ポイント Nameプロパティ

「Sheet1」のセルA1:C5に名前を定義する操作をマクロ記録すると、次のように記録されます。

```
Range("A1:C5").Select
ActiveWorkbook.Names.Add Name:="成績表", RefersToR1C1:="=Sheet1!
                                     R1C1:R5C3"
```

マクロ記録が生成したステートメントですから、これでも動きます。ただし、なんとも無駄の多いステートメントだと感じませんか。

そこで、このステートメントを簡略化した、次のようなステートメントをよく見かけます。

```
Range("A1:C5").Select
ActiveWorkbook.Names.Add Name:="成績表", RefersToR1C1:=Selection
```

もちろん、これでも動くのですが、セルの名前は次のマクロのようにNameプロパティで一発で定義できます。

141

事例3_10　セルに名前を定義する
〔3-D.xlsm〕Module1

```
Sub 事例3_10()
    ActiveWorkbook.Worksheets(1).Range("A1:C5").Name = "成績表"
End Sub
```

〔3-D.xlsm〕の「Sheet1」でマクロを実行すると、図3-15のようにセルA1:C5の範囲の名前が「成績表」になります。

図3-15

セルの名前をすべて削除する

「セルの名前」はNameオブジェクトですから、不要になったらDeleteメソッドで削除できます。この基本さえおさえておけば、容易にセルの名前を一括で削除することができます。

ポイント For Each...Nextステートメント、Namesコレクション

「セルの名前」はNameオブジェクトですから、不要になったら次の一文で削除できます。

```
Names("成績表").Delete
```

　すなわち、セルの名前をすべて削除したければ、「すべてのセルの名前」であるNamesコレクションに対してFor Each...Nextステートメントを使えばよいことがわかります。それを実行しているのが次のマクロです。

事例3_11　セルの名前をすべて削除する
〔3-D.xlsm〕Module1

```
Sub 事例3_11()
    Dim myName As Name
    
    For Each myName In ActiveWorkbook.Names
        myName.Delete
    Next
End Sub
```

　〔3-D.xlsm〕の「Sheet2」での伝票のひな型には図3-16の左側のようなセルの名前が定義されていますが、マクロを実行すると、図3-16の右側のようにすべてのセルの名前が削除されます。

図3-16

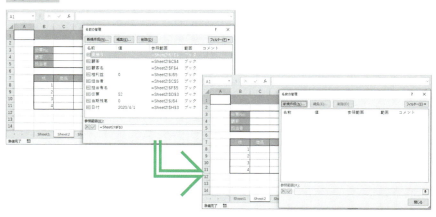

セルの応用テクニック

特定の値を含むセルに色を付ける

特定の値を含むセルに色を付ける。こんなことをいうと、上級者ほどとっさに
文字列関数とループ処理の組み合わせが頭に浮かぶかもしれません。しかし、
VBAにはもっと便利なオブジェクトがあります。

ポイント ReplaceFormatオブジェクト、
Replaceメソッドの引数「ReplaceFormat」

特定の値を含むセルを検索してそのセルに色を付けるときには、置換機能の
［書式］コマンドを利用することをおすすめします。

この書式の置き換えをするには、まず、ReplaceFormatオブジェクトに置き
換え後に適用したい書式を設定しておきます。

そして、Replaceメソッドの引数ReplaceFormatに「True」を指定すると、
書式が置き換わります。なお、このとき文字の置き換えは行われません。

次のマクロは、セル範囲A1:D10内で「村」という文字を含むセルを検索し、
該当するセルを組み込み定数の「vbRed」で赤に塗りつぶすものです。

事例3_12 特定の値を含むセルに色を付ける
〔3-D.xlsm〕Module1

```
Sub 事例3_12()
    Application.ReplaceFormat.Clear

    Application.ReplaceFormat.Interior.Color = vbRed

    Range("A1:D10").Replace "村", "", LookAt:=xlPart, ┐
                                    └→ ReplaceFormat:=True

    Application.ReplaceFormat.Clear
End Sub
```

144

このマクロでは、ReplaceFormatオブジェクトにその前の書式が残っている可能性を考慮して、最初にClearメソッドで初期化しています。
　さらには、念のために、マクロの最後でも初期化を行っています。
　〔3-D.xlsm〕の「Sheet3」でマクロを実行すると、図3-17のように「村」を含むセルが赤に塗りつぶされます。

図3-17

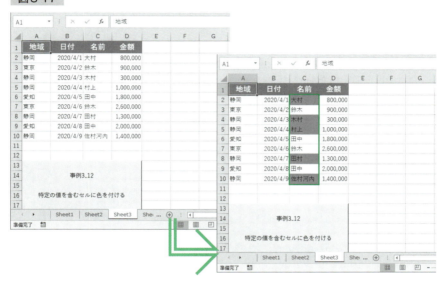

一時的にソートしてからもとに戻す

一時的にソートしてもとに戻すには、ソート前の表に対して連番を振り、ソートをして目的が済んだら、当該連番で再びソートすることになります。このときに便利なのがDataSeriesメソッドです。

ポイント **DataSeriesメソッド**

　データが社員番号順などに並んでいればいいのですが、いったいどんなルールで並んでいるのかわからないようなケースで、たとえば一時的に売上金額順に並べ替えて、データを確認したらもとに戻しておきたい。こんなケースを想定してみましょう。

145

セルの応用テクニック

　このような場合には、一時的に並べ替え用の列を作成し、そこに連番を振っておき、データを確認したら、その連番で再びソートをして、最後に連番の列を削除すればOKです。

　次のマクロは、セルA1から始まるアクティブセル領域の1つ右に連番用の列を追加していますが、カギを握っているのはDataSeriesメソッドです。こうしたケースで連番を振るには［連続データの作成］コマンドがとても便利で、このコマンドはVBAではDataSeriesメソッドになります。

　図3-18とあわせて見てもらうとわかりやすいのですが、セルE1に「0」、セルE2に「1」を指定したあと、DataSeriesメソッドで連番を作成しています。

事例3_13　一時的にソートしてからもとに戻す
　　　　　〔3-D.xlsm〕Module1

```
Sub 事例3_13()
    Dim myRange As Range

    Set myRange = Range("A1").CurrentRegion

    With myRange.Columns(1).Offset(0, myRange.Columns.Count)
        .Cells(1).Value = 0
        .Cells(2).Value = 1
        .DataSeries Rowcol:=xlColumns, Type:=xlLinear, Step:=1
        .Cells(1).Value = "もとの順番"
    End With
End Sub
```

　〔3-D.xlsm〕の「Sheet4」でマクロを実行すると、図3-18のようにE列にソート前の連番が入力されます。

146

図3-18

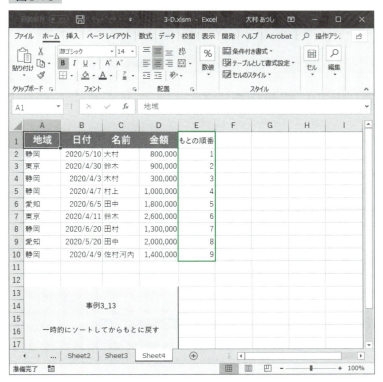

　このE列で昇順にソートすれば、いつでももとの状態に戻せますので、安心して日付順や金額順でソートすることができます。
　このマクロでは、「これなら手作業でするのと大差ない」と思うかもしれませんが、まずは日付を昇順でソートして印刷し、次に金額を降順でソートして印刷し、最後にもとの状態に戻しておくなどのもっと煩雑な処理のときには、このテクニックは大いに威力を発揮します。

　なお、E列は最後に不要になりますので、マクロの最後で次のステートメントで削除しましょう。

```
Columns("E").Delete
```

For...Nextステートメントの
アイデアテクニック

1行おきにセルに背景色を塗る

ここからはFor...Nextステートメントに関するテクニックを3つ紹介します。これらをマスターすれば、For...Nextステートメントに関しては上級者といっていいでしょう。

ポイント For...Nextステートメント、Interiorプロパティ、Colorプロパティ

では、表を見やすくするために、1行おきにセルに赤色の背景色を塗るマクロに挑戦してみましょう。最初に、完成図をご覧ください（図3-19）。

図3-19

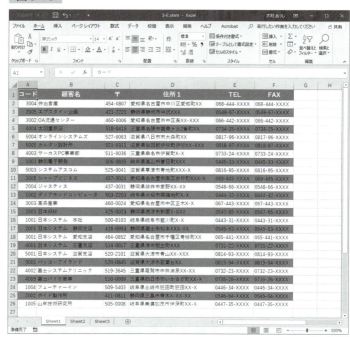

そして、次がそのマクロです。

まず、❶で画面のちらつきを抑止しています。

背景色を塗る冒頭の列は常にA列ですが、右端の列は何列目かわかりませんので、❷で右端の列を求めています。

また、ループの回数はアクティブセル領域の行数ですので、❸の「CurrentRegion.Rows.Count」でループの回数を求め、さらに1行おきに色を塗るために、Stepキーワードに「2」を指定しています。

ループの開始のカウンタ変数が「3」になっているのは、1行目を見出し行と想定しているためです。ですから、1行目が見出し行でなければ、この「3」は「2」に変更してください。

事例3_14　1行おきにセルに背景色を塗る
　　　　　〔3-E.xlsm〕Module1

```
Sub 事例3_14()
    Dim c As Long
    Dim i As Long

    Application.ScreenUpdating = False                    ──────❶

    c = Range("A1").End(xlToRight).Column                 ──────❷

    For i = 3 To _
        Range("A1").CurrentRegion.Rows.Count Step 2       ──────❸

            Range(Cells(i, 1), Cells(i, c)) _
                 .Interior.Color = vbRed
    Next i

    Application.ScreenUpdating = True
End Sub
```

実際に、〔3-E.xlsm〕の「Sheet1」でマクロを実行して1行おきにセルの背景色が赤く塗られることを確認してください。

なお、このマクロはCurrentRegionプロパティを使っていますので、中途に空白行があったらマクロは正常に動作しません。もし中途に空白行がある場合には、先に手作業で削除しておいてください。

1行おきに行を挿入する

これも、前項の「1行おきにセルに背景色を塗る」同様に、表を見やすくするものです。また、中途に空白行はないと想定して、「CurrentRegion.Rows.Count」で最終行の行数を求めています。

ポイント **For...Next**ステートメント、**EntireRow**プロパティ、**Insert**メソッド

ここでは、表に1行おきに行を挿入するテクニックを解説します。

その前提として、まず1行目は見出し行であると想定します。前項と同じで、ループの開始のカウンタ変数が「3」になっているのは、このためです。1行目が見出し行でなければ、この「3」は「2」に変更してください。

なお、「1行おきに行を挿入していく」という特性から、次の2点を工夫していることに注意してください。

❶ ループの回数は最終行の行数の2倍にしている

➡ これは、2倍にしないと、データベース件数の半分でループが終わってしまうからです。

❷ カウンタ変数を2ずつ増加している

➡ カウンタ変数を1ずつ増加すると、「挿入した行」を基準に行を挿入してしまうので、結果的に2行目の下にずらっと空白行ができてしまいます。

事例3_15　1行おきに行を挿入する
〔3-E.xlsm〕Module1

```
Sub 事例3_15()
    Dim i As Long
```

```
    Application.ScreenUpdating = False
    
    For i = 3 To _
        Range("A1").CurrentRegion.Rows.Count * 2 Step 2
        
            Cells(i, 1).EntireRow.Insert
    Next i
    
    Application.ScreenUpdating = True
End Sub
```

〔3-E.xlsm〕の「Sheet2」でマクロを実行すると、図3-20のように1行おきに空白行ができます。

図3-20

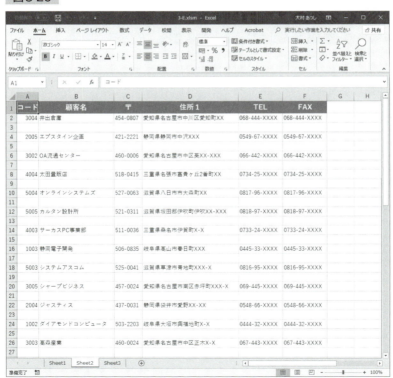

5行おきに罫線を引く

For...Nextステートメントに関する最後のテクニックです。ここで紹介するマクロが作れるようになれば、For...Nextステートメントに関しては上級者。一段上のレベルに到達したといえるでしょう。

ポイント For...Nextステートメント、¥演算子

表の見栄えをよくするために5行おきに罫線を引く。手作業の場合、もしデータ件数が1万件もあったら、それこそ数日かかってしまいます。

となれば、VBAの出番ですね。

まずは完成図をご覧ください（図3-21）。

図3-21

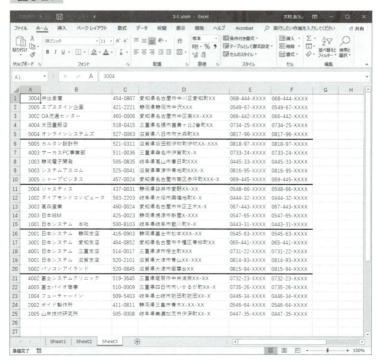

見出し行がありませんが、これはあとから手作業で追加すればよいでしょう。

ここでは、表に5行おきに罫線を引きます。その処理を実現しているのが次のマクロです。

事例3_16　5行おきに罫線を引く
〔3-E.xlsm〕Module1

```
Sub 事例3_16()
    Dim i As Long

    Application.ScreenUpdating = False

    With Range("A1").CurrentRegion
        .Borders(xlDiagonalDown).LineStyle = xlNone
        .Borders(xlDiagonalUp).LineStyle = xlNone
        .Borders(xlEdgeLeft).LineStyle = xlNone
        .Borders(xlEdgeTop).LineStyle = xlNone          ❶
        .Borders(xlEdgeBottom).LineStyle = xlNone
        .Borders(xlEdgeRight).LineStyle = xlNone
        .Borders(xlInsideVertical).LineStyle = xlNone
        .Borders(xlInsideHorizontal).LineStyle = xlNone
    End With

    With Range("A1").CurrentRegion

        For i = 1 To (.Rows.Count - 1) ¥ 5                ❷

            With .Rows(i * 5).Borders(xlEdgeBottom)       ❸
                .LineStyle = xlContinuous
                .Weight = xlThick
            End With

        Next i
    End With

    Application.ScreenUpdating = True
End Sub
```

まず、❶の部分で、絶対に必要な処理ではありませんが、すでに不要な罫線が

153

For…Nextステートメントのアイデアテクニック

　引かれていることを想定して、念のために一度表全体の罫線を削除しています。

　そして、このマクロのカギを握っているのは❷と❸です。

　今回は、5行おきに罫線を引きますので、ループの回数は、データベースの件数を5で割った数値になります。
　ただし、ふつうに「/」で割り算してしまうと小数点が発生してしまう可能性が高いので、割り算の商だけを求めるように、「¥」で割り算をしている点に注意してください。
　その処理を行っているのが❷です。
　また、❷では、行数がちょうど5の倍数のときに最終行の下に罫線を引いてしまわないように、ループ回数の最終値は行数ではなく、「Rows.Count - 1」と、行数より「1」小さい値にしている点にも注目してください。
　その結果、p.152の図3-21を見ると、行数は5の倍数ですが、最終行の下には罫線が引かれていません。

　そして、❸で、カウンタ変数に「5」を掛け算することで、5行おきに罫線を引いています。

　なお、このマクロでもCurrentRegionプロパティを使っていますので、中途に空白行があったら正確なデータ件数が算出できません。
　ここでは「中途に空白行はない」という想定でCurrentRegionプロパティを使っていますが、もし中途に空白行がある場合には、先にその空白行を削除しておいてください。

　では、実際に〔3-E.xlsm〕の「Sheet3」でマクロを実行して、5行おきに罫線が引かれることを確認してください。

154

Part

4

個人用マクロブックと
ショートカットキーの
省力快適
テクニック

Part 4 で身につけること

　Part 4 では、「セルの目盛線（枠線）の表示と非表示を切り替える」「ふりがなの表示と非表示を切り替える」など、「ある状態とその逆の状態を切り替える」、たとえるなら、「オンとオフを切り替える」マクロの作り方について解説します。

　こういうと、真っ先に、「もし表示されていたら非表示にして、もし非表示だったら表示する」という If ステートメントが頭に浮かぶかもしれませんが、If ステートメントは一切使用しません。
　そうした意味では、Part 4 もやはりアイデアマクロの宝庫といえるのではないでしょうか。

　もちろん、If ステートメントを使わないからといって、「表示するマクロ」と「非表示にするマクロ」で、マクロを 2 個作るわけではありません。
　作るマクロは、あくまでも 1 個です。
　Part 4 では、そのテクニックを解説します。

まずは個人用マクロブックについて

　大抵のケースでは、マクロというのは特定のブックに対して作成します。
　たとえば、売上を自動で集計して、その結果をグラフ化して印刷するというマクロであれば、そのマクロはデータが記録されている「売上.xlsm」に作成するという具合です。

　しかし、「セルの目盛線（枠線）の表示と非表示を切り替える」というマクロは、Excel を使っているときにいつでも使いたいマクロです。
　だからといって、すべてのブックにそのマクロを作ることは非現実的なのはいうまでもないでしょう。

　こうしたケースでは、そのマクロは「個人用マクロブック」に作成します。

156

個人用マクロブックというのは、目には見えませんが、Excelを起動したとき
に自動的に開くブックで、結果、個人用マクロブックに作成したマクロはいつで
も使うことができます。

　Part 4では、ほとんどのExcel VBAの解説書で、ページの兼ね合いなども
あってなかなか取り上げられることのない、この個人用マクロブックについて学
習してもらいます。

使い勝手を決めるのはショートカットキー

　さて、「オンとオフを切り替えるマクロ」は個人用マクロブックに作ればいい
わけですが、前述のとおり個人用マクロブックは画面には表示されませんので、
ワークシート上のボタンに登録してマクロを実行することはできません。

　そこで、こうした「オンとオフのマクロ」はショートカットキーに登録します。

　といっても、そもそも論として、「マクロをショートカットキーに登録する方
法」を説明している解説書は圧倒的に少ないのが現状です。

　また、マクロをショートカットキーに登録する方法は実はとても簡単なのです
が、鋭い人であれば、すぐに次のような疑問が浮かぶのではないでしょうか。

　もし、Excelにもともとあるショートカットキーとかち合ってしまったらどう
なるのか？

　たとえば、 Ctrl ＋ S キーは、Excelの場合には［上書き保存］コマンドを
実行するショートカットキーです。すなわち、自作のマクロを Ctrl ＋ S キー
に登録してはいけないことがおわかりだと思います。

　私は、このようなリスクがあるために多くのExcel VBAの解説書ではショー
トカットキーのテクニックを取り上げないのではないかと感じていますが、逆に
いえば、Excelのショートカットキーと重複しなければ、なんの問題もないとい
うことです。

　Part 4では、こうした点も重視しながら、「マクロをショートカットキーに登
録する方法」を解説します。

マクロを個人用マクロブックの
ショートカットキーに登録する方法

個人用マクロブックを作成する

VBAからは少し離れますが、まず「個人用マクロブック」の作成方法を説明します。実は、マクロ記録ができれば、個人用マクロブックは誰にでも作れます。

ポイント マクロ記録で個人用マクロブックを作成する

マクロには、「Excelを使っているときにはいつでも使用したいマクロ」「特定のブックではなく、どのブックに対しても使用したいマクロ」というものがあります。そして、こうした「汎用的なマクロ」を登録するために、Excelには「個人用マクロブック」という特殊なブックが用意されています。

では、この個人用マクロブックの作成方法を解説します。

個人用マクロブックは、マクロ記録で作成します。マクロ記録を行うさいに、図4-1のように［マクロの保存先］リストボックスで「個人用マクロブック」を選択し、あとはどんな操作でもよいのでマクロ記録を行ってください。

図4-1

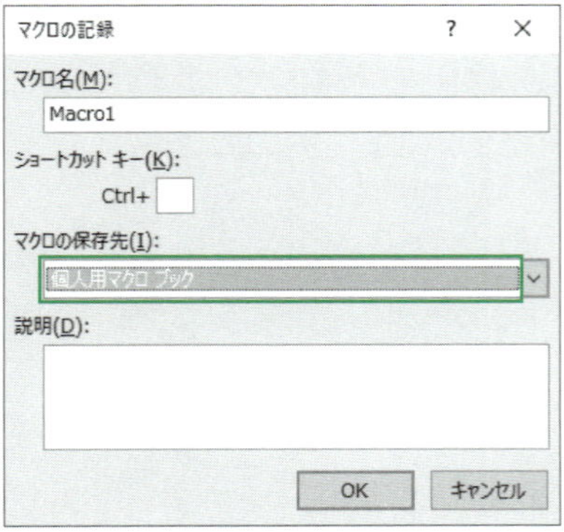

これだけで、個人用マクロブックが作成されます。とはいっても、この個人用マクロブックは目には見えません（表示はされません）。しかし、VBEで見ると、図4-2のように「PERSONAL.XLSB」という名前でその存在が確認できます。

図4-2

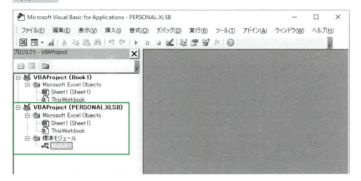

　なお、管理者権限などのさまざまな理由で、次のエラーメッセージが出て個人用マクロブックが保存できないことがあります。

　この場合にはメッセージの指示に従って、一度「PERSONAL.XLSB」という名前で別の場所に保存して、エクスプローラで「XLSTART」フォルダーを探して手作業で移動してください。ちなみに、Windows 10でExcel 2019の場合、個人用マクロブックの保存先は「C:¥ユーザー¥ユーザー名¥AppData¥Roaming¥Microsoft¥Excel¥XLSTART」になります。
　また、本書執筆時にWindows 10とExcel 2007からExcel 2019までのExcel（Office365を含む）で私はエラーは確認していませんが、今後のWindowsやOfficeの自動アップデートなどで万が一個人用マクロブックに不具合が出たら、マイクロソフトのサポートページを参照してください。
　個人用マクロブックは一度作るだけでよいので、そのあとは、VBEで「PERSONAL.XLSB」の標準モジュールに目的のマクロを作成していってください。

マクロを個人用マクロブックのショートカットキーに登録する方法

「PERSONAL.XLSB」は、Excelを起動するたびに必ず自動的に開かれますので、ここに作成したマクロは、Excelを使用している間はいつでも実行することができます。

個人用マクロブックの場所を調べて削除する

個人用マクロブックは、Excelのバージョンによって作成される場所が異なるのですが、相当深い階層に作られます。ここでは、不要になった個人用マクロブックを削除する方法を紹介します。

ポイント **ThisWorkbook** プロパティ、**FullName** プロパティ、
「Debug.Print」 ステートメント

前項で見たとおり、個人用マクロブックの本体は、「PERSONAL.XLSB」というバイナリ形式のブックです。

そして、なんらかの理由で個人用マクロブックが不要になった場合は、このファイルをExcel終了後に削除すると、以降はExcel起動時に個人用マクロブックが自動的に開くことはなくなります。そもそも、「PERSONAL.XLSB」がすでに削除されているので、個人用マクロブックが自動的に開かないのは当然といえば当然です。

さて、このファイルの削除ですが、Windowsの検索機能で「PERSONAL.XLSB」を検索してファイルの場所を特定して削除するのが一般的だと思います。

ちなみに、一度削除しても、マクロ記録で保存先に「個人用マクロブック」を指定すれば、何度でも「PERSONAL.XLSB」を作成することができます。

別の方法もあります。個人用マクロブックの標準モジュールに、次のマクロを作成して実行してください。

個人用マクロブックの場所を特定する

```
Sub Sample()
    Debug.Print ThisWorkbook.FullName
End Sub
```

160

ThisWorkbookプロパティは、p.134で紹介したとおり、そのマクロが記述されているブック（ここでは個人用マクロブックの「PERSONAL.XLSB」）を参照するものです。
　そして、FullNameプロパティでそのブックの場所を特定しています。

では、「Debug.Print」とはいったいなんでしょうか。

イミディエイトウィンドウに値を書き出す

　あまり活用していない人もいるかもしれませんが、VBEには、通常は図4-3のように画面右下、コードウィンドウの下に「イミディエイトウィンドウ」が表示されています。

図4-3

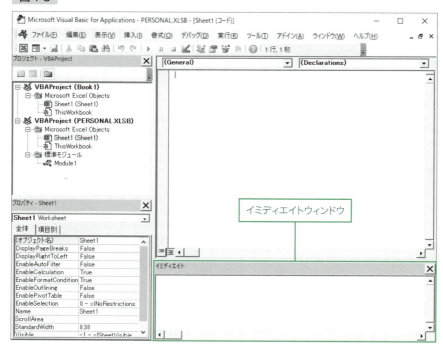

　もし、表示されていなければ、Ctrl + G キーを押して表示させてください。

マクロを個人用マクロブックのショートカットキーに登録する方法

これは「魔法のショートカットキー」のようなもので、絶対に忘れないようにしてください。

また、表示されていても、あまりに上下幅が小さすぎてイミディエイトウィンドウが見えないこともありますが、この場合には、コードウィンドウとイミディエイトウィンドウの間にマウスカーソルを置いて、イミディエイトウィンドウを上側に拡大してください。

さて、本題に戻りますが、「Debug.Print」とは、「値をイミディエイトウィンドウに書き出すステートメント」です。

すなわち、p.160のマクロを実行すると、個人用マクロブックの場所が図4-4のようにイミディエイトウィンドウに表示されます。

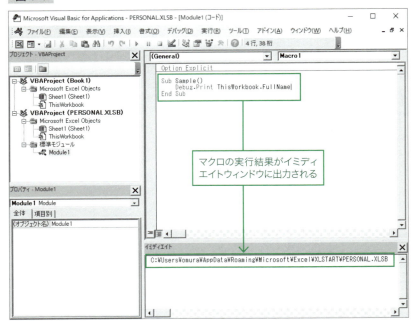

図4-4

マクロを作っていると、「ちょっとした値」を確認したいときに、MsgBox関数を使ってメッセージボックスで値を確認するケースがあります。

もちろん、このこと自体はなにも間違いではないのですが、ループ処理などで

値を確認したいときには、ループの回数分、何度もメッセージボックスで［OK］ボタンを押さなければならず、こうしたケースではMsgBox関数は不向きといわざるを得ません。

　こうしたときにこそ、Debugオブジェクトに対してPrintメソッドを使い、それに続けて変数などを記述すれば、複数回のループで変数の値がどう変化していくかを、イミディエイトウィンドウで一覧で確認することができます。

> (ONEPOINT) **イミディエイトウィンドウで入力したステートメントを実行する**
>
> 　イミディエイトウィンドウのさらに便利なところは、ステートメントを直接入力してメソッドを実行したり、プロパティの値を確認できることです。
> 　たとえば、イミディエイトウィンドウに、
>
> ```
> Worksheets.Add
> ```
>
> と入力して Enter キーを押せば、ワークシートが1枚追加されます。
> 　また、ブック内のワークシート数などの結果を求めるときには、「?」と組み合わせて図4-5のように使います。
>
> 図4-5
>
>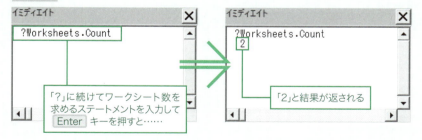
>
> 　イミディエイトウィンドウに出力された結果を消去するときには、 Ctrl + A キーですべての文字列を選択してから Delete キーを押してください。

マクロを個人用マクロブックのショートカットキーに登録する方法

マクロをショートカットキーに登録する

マクロをショートカットキーに登録する方法を解説します。マクロは、特定のブックに作ったものでも、個人用マクロブックに作ったものでも、簡単にショートカットキーに登録できます。

ポイント　Ctrl + Shift キーのショートカットキーに
マクロを登録する

では、マクロにショートカットキーを割り当てる方法を紹介しましょう。

みなさんが、［上書き保存］や［コピー］コマンドをショートカットキーで実行するように、マクロをショートカットキーに登録すると、そのキーの組み合わせでマクロを実行できるようになります。

まずは、Excelの［開発］タブをクリックし、［マクロの表示］ボタン（ショートカットキーは Alt + F8 キー）をクリックします。

すると、［マクロ］ダイアログボックスが開くので、目的のマクロを選択して、［オプション］ボタンをクリックします（図4-6）。

図4-6

次に、［マクロオプション］ダイアログボックスで、図4-7のようにショート

カットキーを入力して、[OK] ボタンをクリックします。

図4-7

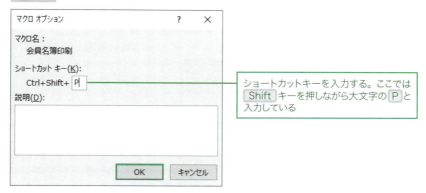

ショートカットキーを入力する。ここでは Shift キーを押しながら大文字の P と入力している

　この作業が終わったら、右上の [×] ボタンで [マクロ] ダイアログボックスを閉じてください。これでマクロにショートカットキーが割り当てられました。
　以上の操作で、 Ctrl + Shift + P キーに目的のマクロが割り当てられ、実際に Ctrl + Shift + P キーでマクロが実行できます。

ONEPOINT **ショートカットキーはExcelのコマンドよりもマクロが優先**

　ショートカットキーに使用できるのはアルファベットだけです。数字や特殊文字は使用できません。
　また、Excelの既定のショートカットキーにマクロを割り当てた場合には、マクロのほうが優先されます。たとえば [切り取り] コマンドのショートカットキーである Ctrl + X キーにマクロを割り当てると、 Ctrl + X キーによる [切り取り] コマンドは実行できなくなります。
　ただし、これはそのマクロが作成されているブックが開いている間だけの現象で、そのブックを閉じれば Ctrl + X キーによる [切り取り] コマンドは復活します。
　いずれにしてもExcelでは、膨大なコマンドが Ctrl + 英字 キーに割り当てられていますので、ショートカットキーがなるべくかち合わないように、マクロを登録するショートカットキーは Ctrl + Shift + 英字 キーにしたほうが無難です。

表示を切り替えるマクロ

数式の表示／非表示を切り替える

数式の表示／非表示を切り替えるマクロです。ふだんは非表示にしておき、ちょっと数式を確認したいときに表示する、という使い方が便利でしょう。

ポイント Withステートメント、Not演算子、
DisplayFormulasプロパティ

電源のオン／オフを1つのスイッチで切り替えるように、WithステートメントとNot演算子を併用すると、1つのステートメントでプロパティのTrue／Falseを切り替える「オン／オフ・マクロ」が作成できます。

次のステートメントは、列Cが非表示だったら再表示するものです。

```
If Columns("C").Hidden = True Then Columns("C").Hidden = False
```

逆に、次のステートメントは、列Cが表示されていたら非表示にするものです。

```
If Columns("C").Hidden = False Then Columns("C").Hidden = True
```

この正反対の2つのステートメントは、WithステートメントとNot演算子を使って、次のマクロのように1つのステートメントに簡略化できます。

```
Sub Sample()
    With Columns("D")
        .Hidden = Not .Hidden
    End With
End Sub
```

このピリオドは忘れやすいので注意

166

では、このテクニックを利用して、数式の表示／非表示を切り替えるマクロを作成してみましょう。

事例4_1　数式の表示／非表示を切り替える
〔4-A.xlsm〕Module1

```
Sub 事例4_1()
    With ActiveWindow
        .DisplayFormulas = Not .DisplayFormulas
    End With
End Sub
```

〔4-A.xlsm〕の「Sheet1」では、マクロを実行するたびに、図4-8のように数式の表示／非表示が切り替わります。

図4-8

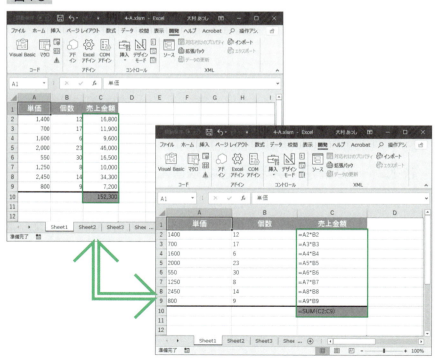

表示を切り替えるマクロ

セルの目盛線（枠線）の表示／非表示を切り替える

ここからは、前項で説明したテクニックがそのまま使えますので、詳細な解説は控えます。セルの目盛線（枠線）の表示／非表示を切り替えるときにはDisplayGridlines プロパティを使用します。

ポイント With ステートメント、Not 演算子、
DisplayGridlines プロパティ

セルの目盛線（枠線）の表示／非表示を切り替えます。セルの枠線が表示されていたら非表示にし、非表示だったら表示します。

事例4_2　セルの目盛線（枠線）の表示／非表示を切り替える
〔4-A.xlsm〕Module1

```
Sub 事例4_2()
    With ActiveWindow
        .DisplayGridlines = Not .DisplayGridlines
    End With
End Sub
```

〔4-A.xlsm〕の「Sheet2」でマクロを実行するたびに、セルの目盛線（枠線）の表示／非表示が切り替わることを確認してください。

数式バーの表示／非表示を切り替える

数式バーを非表示にするだけでも画面を大きく、有効に使えます。数式バーの表示／非表示を切り替えるときにはDisplayFormulaBar プロパティを使用します。

ポイント With ステートメント、Not 演算子、
DisplayFormulaBar プロパティ

数式バーの表示／非表示を切り替えます。数式バーが表示されていたら非表示にし、非表示だったら表示します。

168

事例4_3　数式バーの表示／非表示を切り替える
〔4-A.xlsm〕Module1

```
Sub 事例4_3()
    With Application
        .DisplayFormulaBar = Not .DisplayFormulaBar
    End With
End Sub
```

〔4-A.xlsm〕の「Sheet2」でマクロを実行するたびに、数式バーの表示／非表示が切り替わることを確認してください。

ステータスバーの表示／非表示を切り替える

ステータスバーも数式バー同様に、非表示にするだけでも画面を大きく、有効に使えます。ステータスバーの表示／非表示を切り替えるときにはDisplayStatusBarプロパティを使用します。

> **ポイント** Withステートメント、Not演算子、
> DisplayStatusBarプロパティ

　ステータスバーの表示／非表示を切り替えます。ステータスバーが表示されていたら非表示にし、非表示だったら表示します。

事例4_4　ステータスバーの表示／非表示を切り替える
〔4-A.xlsm〕Module1

```
Sub 事例4_4()
    With Application
        .DisplayStatusBar = Not .DisplayStatusBar
    End With
End Sub
```

〔4-A.xlsm〕の「Sheet2」でマクロを実行するたびに、ステータスバーの表示／非表示が切り替わることを確認してください。

表示を切り替えるマクロ

> ## ふりがなの表示／非表示を切り替える
>
> ふりがなというのは、不要なときにはとても邪魔な存在です。ここでは、ふ
> りがなの表示／非表示を切り替えます。使うのはPhoneticsコレクションの
> Visibleプロパティです。
>
> （ポイント）**Withステートメント、Not演算子、Phoneticsコレクション、
> Visibleプロパティ**

　人にもよるでしょうが、通常はセルのふりがなは邪魔な存在ではないでしょう
か。かといって、削除してしまうわけにもいきません。

　ここで紹介するのは、選択範囲のセルのふりがなの表示／非表示を切り替える
マクロです。セルのふりがなが表示されていたら非表示にし、非表示だったら表
示します。

事例4_5　ふりがなの表示／非表示を切り替える
　　　　　〔4-A.xlsm〕Module1

```
Sub 事例4_5()
    Range("B2:B10").Select

    With Selection.Phonetics
        .Visible = Not .Visible
    End With
End Sub
```

　〔4-A.xlsm〕の「Sheet3」では、マクロを実行するたびに、図4-9のように
ふりがなの表示／非表示が切り替わります。

170

図4-9

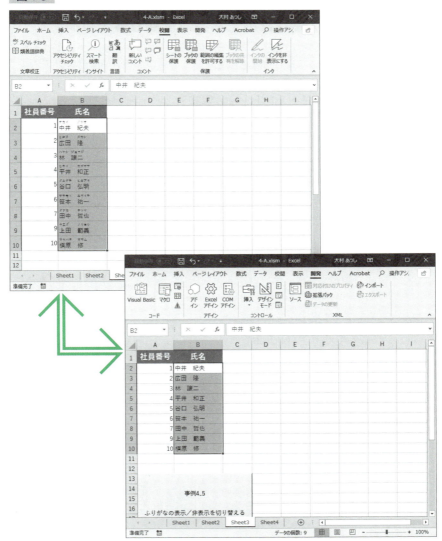

Part 4 個人用マクロブックとショートカットキーの【省力快適】テクニック

171

表示を切り替えるマクロ

改ページ区切り線の表示／非表示を切り替える

Excelで作業をしていると、ワークシートの改ページの区切り線が邪魔だと感じることがないでしょうか。非表示にするときにはDisplayPageBreaksプロパティを使います。

ポイント Withステートメント、Not演算子、
DisplayPageBreaksプロパティ

　頻繁に印刷するワークシートの場合、常に改ページの区切り線が表示された状態になります。これは、人によっては「Excelのおせっかい機能」で、区切り線が邪魔だと感じるようです。一方で、いざ印刷するときには、印刷時のイメージができて便利だと感じるケースも少なくありません。

　次のマクロは、改ページの区切り線の表示／非表示を切り替えるものです。改ページの区切り線が表示されていたら非表示にし、非表示だったら表示します。

事例4_6　改ページ区切り線の表示／非表示を切り替える
　　　　〔4-A.xlsm〕Module1

```
Sub 事例4_6()
    With ActiveSheet
        .DisplayPageBreaks = Not .DisplayPageBreaks
    End With
End Sub
```

　〔4-A.xlsm〕の「Sheet4」で、 Ctrl + Shift + P キーでマクロを実行するたびに、改ページ区切り線の表示／非表示が切り替わることを確認してください。

172

Part

5

操作をすると
勝手にマクロが実行される
自動化
テクニック

Part 5で身につけること

　Part 5で取り上げるのは「イベントプロシージャ」です。

　そこで強調したいのが、そもそも、VBAというのは「イベントドリブン（イベント駆動型）」のプログラミング言語であるということです。

　具体的には、VBAで記述されたマクロは、まずはWindowsレベルで処理されて、Windowsはその処理を「イベント」という形でマクロに渡すことで、結果としてマクロが処理を実行できるようになっています。

　こうしたことを常日頃から意識する必要はまったくありませんが、VBAマクロは「イベントを受け取ることで動いている」ということを頭の片隅に入れておいてください。

　それによって、「イベントプロシージャ」というのは、その名のとおり「イベントを検知して動くプロシージャである」という仕組みが身近に感じられるようになるでしょう。

イベントプロシージャの基礎から

　Part 5では、まずは「イベントプロシージャとはなにか」を学習します。知っている人は、この部分の説明は読み飛ばしていただいてかまいません。

　逆に、知らない人は、いくら見よう見まねでマクロを作っても（ネットにあるサンプルマクロをコピーしてそのまま使うなど）、必ずいつかつまずくことになります。

　それは、前述した「イベント」の概念を理解していないからです。

　ですから、
「なぜユーザーが実行していないのに、勝手にマクロが動くのか？」
「イベントを検知して動くマクロってなに？」
「そもそも、なぜイベントプロシージャは標準モジュールに作らないのか？」
といった基礎をまずはしっかりと頭に入れてください。

ブックのイベントプロシージャとシートのイベントプロシージャ

　イベントというのはオブジェクトが検知するわけですが、そのオブジェクトは大きく3つに分類されます。

❶アプリケーション・オブジェクト（Excel本体）
❷ブック・オブジェクト
❸シート・オブジェクト

　厳密には、埋め込みグラフというオブジェクトもイベントを検知することができますが、重要度、そして使用頻度は極めて低いと判断し、本書では取り上げません。

　それよりも、❶のアプリケーション・オブジェクトですが、これも本書では取り上げません。
　使用機会がほとんどないというのが最大の理由ですが、それに加えて、アプリケーション・オブジェクトのイベントプロシージャを作るためには、「クラスモジュール」という、とても難解な知識が要求されます。
　そして、そこまでの苦労をしてアプリケーション・オブジェクトのイベントプロシージャが作れるようになっても、おそらく得られるものはほとんどないのが現実です。

　その代わりといってはなんですが、Part 5ではブックとシートの「定番中の定番」、もっともユーザーの要望が多いイベントプロシージャを丁寧に解説します。
　あくまでも私見ですが、イベントプロシージャに関しては、本書のPart 5の解説だけで十分だと考えています。

　では、イベントプロシージャの世界に足を踏み入れることにしましょう。

175

イベントプロシージャの作成方法

イベントプロシージャとは？

まず、「イベントプロシージャとはなにか」について説明します。「プロシージャ」というのは「マクロ」の正式名称のようなものです。そのため「イベントマクロ」と呼んでも差しつかえはありません。

(ポイント) **イベントプロシージャとはなにかを理解する**

　ふつうのマクロは、ユーザーがワークシート上の［フォームコントロール］のボタンなどをクリックしたり、ショートカットキーで実行されます。

　一方で、Excel VBAでは、「セルをダブルクリックする」「ワークシートをアクティブにする」「ブックを開く」などの「イベント」と呼ばれる特定のユーザー操作に反応して自動的に実行されるマクロを作成することができます。

　そして、このイベント発生時に自動実行されるように開発されたマクロのことを「イベントプロシージャ」と呼びます。

　ちなみに、「プロシージャ」とは「マクロの別称」もしくは「正式名」のことですので、別に「イベントマクロ」と呼んでも一向にかまわないのですが、「イベントプロシージャ」という呼び方のほうが一般的と見受けられますので、本書では「イベントプロシージャ」の呼称を用います。

　Excel VBAは、実に多岐にわたるイベントに対応しており、これがExcel VBAが単なるExcelの操作を自動化するためのプログラミング言語ではなく、アプリケーションを自作できるほどの高度な開発言語と称される理由でもあります。

　このイベントの全容はおいおい紹介していきますので、まずはイベントプロシージャを実際に作成してみることにしましょう。

イベントプロシージャを作成・体験する

では、実際にイベントプロシージャを作成して体験してみることにしましょう。ここでは、「ブックを開く」という「イベント」を検知して自動実行されるイベントプロシージャを作ります。

> **ポイント** Workbook_Openイベントプロシージャを作成する

とりあえず、イベントプロシージャがどのような仕組みで動いているのかは後回しにして、早速、イベントプロシージャの作成にチャレンジしてみましょう。

新規ブックを用意したら、VBEを表示して、以下の手順どおりに操作してください。

図5-1

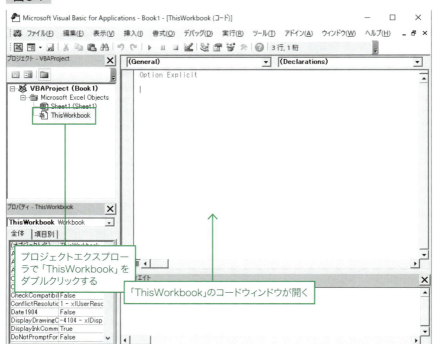

■ イベントプロシージャの作成方法

(ONEPOINT) **Option Explicitステートメントを自動で挿入する**

図5-1のように、新規のコードウィンドウを開いたときに、自動でOption Explicitステートメントを挿入するには、VBEで［ツール］→［オプション］コマンドを実行し、［オプション］ダイアログボックスで［変数の宣言を強制する］チェックボックスをオンにしてください。

図5-2

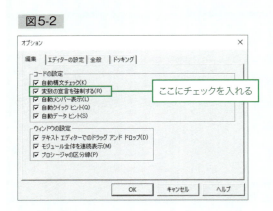

図5-3

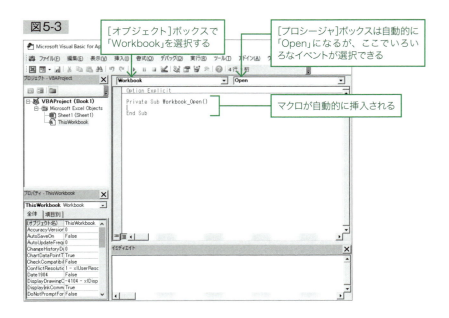

図5-4

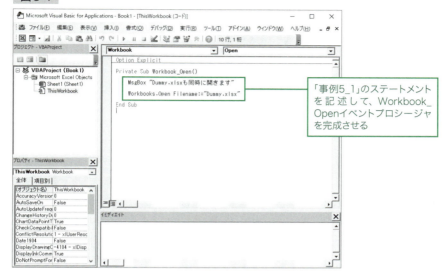

事例5_1 ブックを開いたときに実行するイベントプロシージャ
〔5-A.xlsm〕ThisWorkbook

```
Private Sub Workbook_Open()

    MsgBox "Dummy.xlsxも同時に開きます"

    Workbooks.Open Filename:="Dummy.xlsx"

End Sub
```

　これで、ブックを開いたときに自動実行されるイベントプロシージャが完成しました。

　それでは、このブックを任意の名前で「Sample」フォルダーに保存してください。また、そのときに「Dummy.xlsx」も作って「Sample」フォルダーに保存してください。そして、いったん2つのブックを閉じたあとに、再びExcelの［ファイルを開く］ダイアログボックスで、マクロを作成したこのブックを開いてみましょう。

イベントプロシージャの作成方法

　イベントプロシージャ「Workbook_Open」が自動実行されて、「Dummy.xlsx」が同時に開きます。

　なお、〔5-A.xlsm〕にはまったく同じWorkbook_Openイベントプロシージャが作成されているので、〔ファイルを開く〕ダイアログボックスで〔5-A.xlsx〕を開くと、「Dummy.xlsx」が同時に開きます。

ONEPOINT **「Dummy.xlsx」が開けない場合**

　もし、「Dummy.xlsxが見つかりません」とエラーメッセージが表示されたら、それは「Sample」フォルダーがカレントフォルダーになっていないためです。

　エクスプローラから〔5-A.xlsm〕を開くのではなく、必ずExcelの〔ファイルを開く〕ダイアログボックスで〔5-A.xlsm〕を開いてください。なお、このとき、〔5-A.xlsm〕と「Dummy.xlsx」は、同じフォルダーになければなりません。

イベントプロシージャの仕組み

実際にWorkbook_Openイベントプロシージャを作成してもらいましたが、VBAではなぜこのようなイベントプロシージャが作れるのか、その仕組みについて解説します。

ポイント **イベントプロシージャの仕組みを理解する**

　イベントプロシージャが自動実行される仕組みは、その作成場所とタイトルにあります。

イベントプロシージャの作成場所

　イベントプロシージャは、どの「オブジェクト」にどのような「イベント」が発生したのかに反応します。したがって、ふつうのマクロのように標準モジュールに作成するのではなく、「オブジェクトモジュール」に作成します。

180

たとえば、「ブック」というオブジェクトのイベントに反応するイベントプロシージャを作成するときには、プロジェクトエクスプローラで「ThisWorkbook」を選択して、そのコードウィンドウ内にマクロを記述します。

同様に、「Sheet1」のイベントに反応するイベントプロシージャを作成したければ、「Sheet1」のコードウィンドウ内にマクロを記述すればよいのです。

イベントプロシージャのタイトル

イベントが、ブックやシートなどのオブジェクトに対して発生するものであることはOKかと思います。しかし、イベントプロシージャにはもう1つの重要な要素があります。それは、あるオブジェクトに対して発生するイベントは決して1つではない、ということです。

「事例5_1」のイベントプロシージャ「Workbook_Open」は「ブックを開く」というイベントに反応するものでしたが、ブックにはそのほかにも、「ブックを閉じる」「ブックをアクティブにする」など、実に多彩なイベントが用意されています。そこで、そのマクロがどのイベントに反応するものであるのかを明確にする必要が生じます。

Excel VBAでは、マクロのタイトルにイベント名を組み込むことによってイベントの種類を特定します。つまり、イベントプロシージャのタイトルはユーザーが任意に付けるものではなく、次のような規則に従って自動的に名付けられるものなのです。

Private Sub Workbook_Open()

オブジェクト　　　　イベント

オブジェクトのコードウィンドウ内では、まず［オブジェクト］ボックスでオブジェクトを選択します。次に、［プロシージャ］ボックスをクリックすると、そのオブジェクトに関連するイベントの一覧が表示されますので、この中か

ら目的のイベントを選択すれば、それがイベントプロシージャのタイトルになります。

なお、どのイベントを選んでも、ブックを開くときに発生するOpenイベントはブックの既定のイベントなので、Workbook_Openイベントプロシージャの入れものは勝手に作成されてしまいます。これが不要のときには消去してください。

ONEPOINT **イベントプロシージャのタイトルにはPrivateキーワードが付く**

イベントプロシージャの場合、ユーザーフォームやコントロールのイベントプロシージャと同じく、Subステートメントの前にPrivateキーワードが自動的に付加されます。

ですから、ワークシート上に［フォームコントロール］のボタンを作成しても、そこにイベントプロシージャを登録することはできませんが、そもそも、イベントプロシージャは、あくまでもイベントに反応して自動実行されるものですから、ボタンに登録する理由がありません。

また、Privateキーワードが付いている以上、イベントプロシージャをほかのモジュールのマクロからサブルーチンとして呼び出すこともできませんが（サブルーチンに関しては➡p.324）、イベントプロシージャはサブルーチンとして呼び出すためのマクロではないことを考えれば、この点も納得がいくと思います。

整理しますと、Privateキーワードで始まるマクロには、次の2つの制限があります。

❶［フォームコントロール］のボタンやショートカットキーなどにマクロを登録することはできません。

　➠　そもそも、［マクロの登録］ダイアログボックスにPrivateキーワードで始まるマクロは表示されないので、マクロを登録する手段がありません。

❷ほかのモジュールから、Privateキーワードで始まるマクロを呼び出すことはできなくなります（➡p.333の図）。

182

ブックのイベント

Part
5

操作をすると勝手にマクロが実行される[自動化]テクニック

ブックのイベントの種類

ブックのイベントについて説明する前に、まずは、イベントの一覧を整理しておきます。本書では使用頻度の高いものしか扱いませんので、必要に応じてこのイベントの一覧を参照してください。

ポイント ブックのイベントの種類を整理する

ブックに対して発生するイベントの種類を一覧表にまとめます。表内のアミカケしているものは、本書で扱うイベントです。

Workbookオブジェクトのイベント

イベント	イベントが発生するタイミング
Activate	ブックがアクティブになったときに発生する
AddinInstall	ブックがアドインとして組み込まれたときに発生する
AddinUninstall	ブックのアドイン組み込みを解除したときに発生する
AfterSave	ブックを保存したあとに発生する
AfterXmlExport	ブックのデータをXMLデータファイルにエクスポートしたあとに発生する
AfterXmlImport	XMLデータがブックにインポートされたあとに発生する
BeforeClose	ブックを閉じる前に発生する ➡p.190
BeforePrint	ブックを印刷する前に発生する ➡p.186
BeforeSave	ブックを保存する前に発生する
BeforeXmlExport	ブックのデータをXMLデータファイルにエクスポートする前に発生する
BeforeXmlImport	XMLデータがブックにインポートされる前に発生する
Deactivate	ブックが非アクティブになったときに発生する
ModelChange	Excelデータモデルが変更されたあとに発生する
NewChart	新しいグラフを作成したときに発生する

183

ブックのイベント

イベント	イベントが発生するタイミング
NewSheet	新しいシートを作成したときに発生する➡p.185
Open（既定のイベント）	ブックを開いたときに発生する➡p.177
PivotTableCloseConnection	ピボットテーブルレポート接続が閉じたあとに発生する
PivotTableOpenConnection	ピボットテーブルレポート接続が開いたあとに発生する
RowsetComplete	OLAPピボットテーブルに対する行セットアクションを呼び出したときに発生する
SheetActivate	シートがアクティブになったときに発生する➡p.195
SheetBeforeDelete	シートが削除されたときに発生する
SheetBeforeDoubleClick	ワークシートをダブルクリックしたときに発生する
SheetBeforeRightClick	ワークシートを右クリックしたときに発生する
SheetCalculate	再計算したときに発生する
SheetChange	セルの値が変更されたときに発生する
SheetDeactivate	シートが非アクティブになったときに発生する
SheetFollowHyperlink	ハイパーリンクをクリックしたときに発生する
SheetLensGalleryRenderComplete	ワークシートの引き出し線ギャラリーの表示が完了したあとに発生する
SheetPivotTableAfterValueChange	ピボットテーブル内のセル範囲が編集または再計算されたあとに発生する
SheetPivotTableBeforeAllocateChanges	ピボットテーブルが変更される前に発生する
SheetPivotTableBeforeCommitChanges	ピボットテーブルのOLAPデータソースが変更される前に発生する
SheetPivotTableBeforeDiscardChanges	ピボットテーブルの変更が破棄される前に発生する
SheetPivotTableChangeSync	ピボットテーブルが変更されたあとに発生する
SheetPivotTableUpdate	ピボットテーブルレポートのシートが更新されたあとに発生する
SheetSelectionChange	ワークシートで選択範囲を変更したときに発生する
SheetTableUpdate	シートテーブルが更新されたあとに発生する
Sync	※ 以前のバージョンとの互換性を保つために残されているイベント。Excel 2013以降では使用しない
WindowActivate	ウィンドウがアクティブになったときに発生する
WindowDeactivate	ウィンドウが非アクティブになったときに発生する
WindowResize	ウィンドウサイズを変更したときに発生する

184

新しいシートを作成したときにマクロを実行する

新しいシートを作成したときに自動実行されるイベントプロシージャを紹介します。ここでは、「イベントプロシージャはオブジェクトを自動で検出できる」ことを学んでください。

ポイント Workbook_NewSheetイベントプロシージャ

　親マクロがサブルーチンに引数を渡すことができるように（この手法については➡p.324）、イベントの中にはイベントプロシージャに引数を渡せるものがあります。新しいシートを作成したときに発生するWorkbook_NewSheetイベントプロシージャもその1つです。

　サンプルブック〔5-B.xlsm〕には、このWorkbook_NewSheetイベントプロシージャが用意されています。〔5-B.xlsm〕を開いて「Sheet1」をアクティブにしたら、新規のワークシート（Sheet3）を挿入してください。すると、Workbook_NewSheetイベントプロシージャが自動実行されて、「Sheet3」は一番右側に移動します。

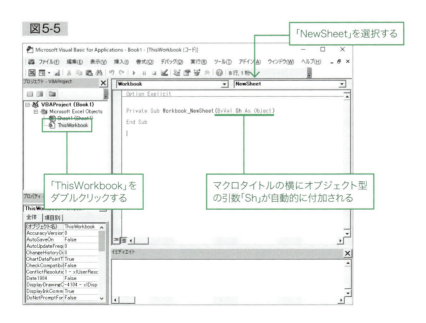

図5-5

185

ブックのイベント

このWorkbook_NewSheetイベントプロシージャを作成しようとすると、図5-5のように「Workbook_NewSheet」というマクロタイトルの横に引数が付加されます。

この引数「Sh」には、新しく作成したシートがオブジェクト型で格納されています。ですから、変数として宣言することなくそのままマクロの中で利用できます。

このように作成したのが、〔5-B.xlsm〕のWorkbook_NewSheetイベントプロシージャです。

事例5_2　新しいシートを作成したときにマクロを実行する
〔5-B.xlsm〕ThisWorkbook

```
Private Sub Workbook_NewSheet(ByVal Sh As Object)

    MsgBox "新規作成した " & Sh.Name & " をブックの最後に移動します" ── ❶

    Sh.Move After:=Sheets(Sheets.Count)                        ──────── ❷

End Sub
```

❶で、新規シートの名前を取得しています。

そして、❷で、新規シートをブックの最後に移動しています。

ブックを印刷できないようにする

ここでは、イベントプロシージャを使って、ブックを印刷できないようにするテクニックを紹介します。このような「処理のキャンセル」もイベントプロシージャの醍醐味です。

> **ポイント** Workbook_BeforePrintイベントプロシージャ

ここで紹介するWorkbook_BeforePrintイベントプロシージャのように、イベントプロシージャの中には引数に「Cancel」を持つものがあります（図5-6）。

186

図5-6

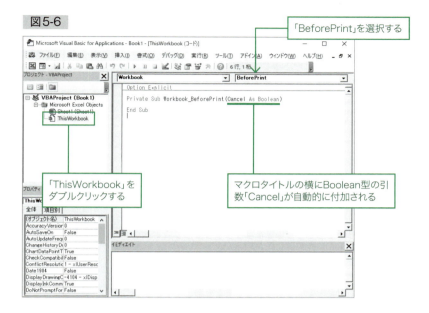

 では、この引数「Cancel」の意味について考えてみましょう。
 サンプルブック〔5-C.xlsm〕にはWorkbook_BeforePrintイベントプロシージャが用意されています。〔5-C.xlsm〕を開いたら、セルB1が空白であることを確認し、ブックを印刷してみてください。図5-7のように、ダイアログボックスが表示されて、ブックが印刷できないことがわかります。

図5-7

これは、「ブックを印刷する」というイベントがキャンセルされたことを意味します。

この処理を実行しているイベントプロシージャを見てみましょう。

事例5_3　ブックを印刷できないようにする
〔5-C.xlsm〕ThisWorkbook

```
Private Sub Workbook_BeforePrint(Cancel As Boolean)

    If Sheet1.Range("B1").Value = "" Then

        MsgBox "ブックを印刷するときには" & vbCrLf & _
            "Sheet1のセルB1に作成者を入力してください"

        Sheet1.Activate
        Range("B1").Activate

        Cancel = True
    End If

End Sub
```

ブックを印刷するときに発生するBeforePrintイベントは、Workbook_BeforePrintイベントプロシージャの引数Cancelに「False」を渡します。これは、「イベントをキャンセルしない」という意味です。

しかし、Workbook_BeforePrintイベントプロシージャの中で、Sheet1のセルB1が空白のときには、引数Cancelに「True」を代入しています。これは、「イベントをキャンセルする」、つまり印刷処理を中断するという意味です。

このようなWorkbook_BeforePrintイベントプロシージャを作ると、特定の条件を満たしていなければユーザーがブックを印刷できないようにする機能などが実現できます。

> (ONEPOINT) **オブジェクト名（CodeName）とシート名**

VBEのプロジェクトエクスプローラを見るとわかりますが、Excel VBAは、シートを「オブジェクト名（CodeName）」と「シート名」の2つの名前で管理しています。

図5-8

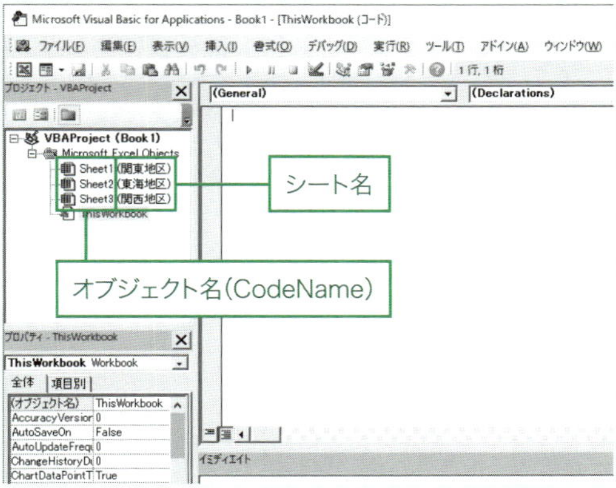

シート名は、Excel上で「シート見出し」として表示されているおなじみのものです。

そして、通常私たちは、このシート名を使って次のようにプログラミングします。

```
Worksheets("関東地区").Range("A1").Value = "日付"
```

しかし、Excel VBAでは、オブジェクト名（CodeName）でもシートを参照することができます。図5-8のように、「関東地区」シートのオブジェクト名（CodeName）が「Sheet1」だったら、次のステートメントでもシートを参照することができるのです。

```
Sheet1.Range("A1").Value = "日付"
```

そこで、「事例5_3」のマクロでは、「Sheet1」とオブジェクト名（CodeName）を使用しています。

ただし、図5-9のようにブック、シートともにオブジェクト名（CodeName）で参照することはできませんので注意してください（この場合の「ThisWorkbook」はプロパティではなくオブジェクトです）。

図5-9

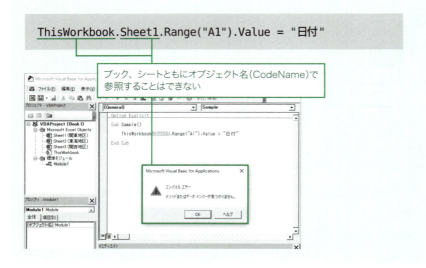

ブックを閉じられないようにする

「ブックを閉じられないようにする」、これもいってみれば、イベントプロシージャを使った「処理のキャンセル」です。

ポイント Workbook_BeforeCloseイベントプロシージャ

ブックを閉じるときに自動実行されるWorkbook_BeforeCloseイベントプロシージャも、Workbook_BeforePrintイベントプロシージャ同様に、引数のCancelを持ち、動作をキャンセルすることができます。

事例5_4 ブックを閉じられないようにする
〔5-C.xlsm〕ThisWorkbook

```
Private Sub Workbook_BeforeClose(Cancel As Boolean)

    If Sheet2.Range("B1").Value = "" Then

        MsgBox "ブックを閉じるときには" & vbCrLf & _
            "Sheet2のセルB1に作成者を入力してください"

        Sheet2.Activate
        Range("B1").Activate

        Cancel = True
    End If

End Sub
```

　まず、〔5-C.xlsm〕の「Sheet2」のセルB1を空白にして、〔5-C.xlsm〕を閉じられないことを確認してください。

　〔5-C.xlsm〕を閉じるときには、「Sheet2」のセルB1になにか値を入力してください。そうしないと〔5-C.xlsm〕を閉じることができません。

ONEPOINT 引数「Cancel」を持つイベントプロシージャ

　ブックに対して作成できるイベントプロシージャの中で引数のCancelを持つもの、つまり、イベントを中断できる主なイベントプロシージャは次に挙げる5つです。

イベント	引数のCancelに「True」を代入した場合
BeforeClose	ブックを閉じる処理が無効になる
BeforePrint	印刷処理が無効になる
BeforeSave	保存処理が無効になる
SheetBeforeDoubleClick	既定のダブルクリックの操作が無効になる
SheetBeforeRightClick	既定の右クリックの操作が無効になる

シートのイベント

シートのイベントの種類

シートのイベントについて説明する前に、まずは、イベントの一覧を整理しておきます。ブックと同じく、本書では使用頻度の高いものしか扱いませんので、必要に応じてこのイベントの一覧を参照してください。

ポイント シートのイベントの種類を整理する

シートに対して発生するイベントの種類は次のとおりです。表内のアミカケしているものは、本書で扱うイベントです。

Worksheetオブジェクトのイベント

イベント	イベントが発生するタイミング
Activate	ワークシートがアクティブになったときに発生する ➡p.193
BeforeDelete	ワークシートが削除される前に発生する
BeforeDoubleClick	ワークシートをダブルクリックしたときに発生する ➡p.202
BeforeRightClick	ワークシートを右クリックしたときに発生する ➡p.204
Calculate	ワークシートを再計算したときに発生する
Change	セルの値が変更されたときに発生する ➡p.197
Deactivate	ワークシートが非アクティブになったときに発生する
FollowHyperlink	ワークシートのハイパーリンクをクリックしたときに発生する
LensGalleryRenderComplete	引き出し線ギャラリーの表示が完了したときに発生する
PivotTableAfterValueChange	ピボットテーブル内のセル範囲が編集または再計算されたあとに発生する
PivotTableBeforeAllocateChanges	ピボットテーブルが変更される前に発生する

PivotTableBeforeCommitChanges	ピボットテーブルの OLAP データソースが変更される前に発生する
PivotTableBeforeDiscardChanges	ピボットテーブルの変更が破棄される前に発生する
PivotTableChangeSync	ピボットテーブルが変更されたあとに発生する
PivotTableUpdate	ピボットテーブルレポートがワークシート上で更新されたあとに発生する
SelectionChange（既定のイベント）	ワークシートで選択範囲を変更したときに発生する →p.200
TableUpdate	データモデルに接続されているクエリテーブルがワークシートで更新されたあとに発生する

シートをアクティブにしたときに発生するイベント

「シートをアクティブにする」というイベントに反応するマクロを取り上げますが、対象オブジェクトがシートの場合とブックの場合に分かれます。混同しないようにしてください。

ポイント Worksheet_Activate、
Workbook_SheetActivate イベントプロシージャ

「シートをアクティブにする」というユーザー操作もイベントの一種です。

このイベントの場合には、一見、対象となるオブジェクトはシートであるように思われます。また、実際にこれはシートに対するイベントです。しかし、実はブックもこのイベントを検知することができます。

こうしたケースでは、どちらのオブジェクトをイベントの対象とすべきかを、目的に応じて判断しなければなりません。

シートに対してイベントプロシージャを作成する

サンプルブック〔5-D.xlsm〕の Worksheet_Activate イベントプロシージャは、ワークシートを対象に作成されています。〔5-D.xlsm〕を開いて「Sheet2」をアクティブにすると、このイベントプロシージャの機能により警告メッセージが表示されます（図5-10）。

193

シートのイベント

図5-10

次のマクロが、このメッセージボックスを表示しているイベントプロシージャです。

事例5_5　特定のシートをアクティブにしたときに実行するイベントプロシージャ
〔5-D.xlsm〕Sheet2

```
Private Sub Worksheet_Activate()
    Dim myWSName As String
    
    myWSName = ActiveSheet.Name
    MsgBox myWSName & "の内容は変更しないでください！"
End Sub
```

このイベントプロシージャは、Sheet2モジュールに対して作成されています。
　つまり、VBEのプロジェクトエクスプローラで「Sheet2」を2回クリックしてコードウィンドウを開き、［オブジェクト］ボックスで「Worksheet」、［プロシージャ］ボックスで「Activate」を選択して作成したものです。

ONEPOINT **シートのコードウィンドウを表示する**

シートのコードウィンドウは、シート見出しを右クリックしてショートカットメニューから［コードの表示］を実行することで、Excel上からも開くことができます（図5-11）。

図5-11

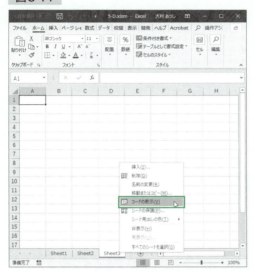

このイベントプロシージャの役割は、「Sheet2」の内容をユーザーが任意に変更しないように注意を促すことです。したがって、「Sheet2」以外のシートがアクティブになったときにはイベントプロシージャを実行する必要がありません。だからこそ、「Sheet2」にイベントプロシージャを作成しているのです。別のシートをアクティブにしてもメッセージボックスは表示されません。

ブックに対してイベントプロシージャを作成する

今度は、「シートをアクティブにする」というまったく同じイベントに反応するマクロを、ブックを対象に作成した例を紹介しましょう。使用するサンプルブックは〔5-E.xlsm〕です。

シートのイベント

　〔5-E.xlsm〕を開いたら、シートの表示をいろいろと切り替えてみてください。
〔5-D.xlsm〕のときと同じく警告メッセージが表示されますが、〔5-E.xlsm〕の
場合には、どのシートをアクティブにしてもメッセージボックスが表示されま
す。

　〔5-D.xlsm〕と〔5-E.xlsm〕のマクロの役割はどちらも同じですが、実行され
るタイミングはまったく異なります。
　どのシートをアクティブにしてもメッセージボックスを表示したいときに、
〔5-D.xlsm〕のWorksheet_Activateイベントプロシージャを個々のすべての
シートを対象に作成するのは明らかに非効率です。シートの数だけ同じイベント
プロシージャを作らなければなりません。
　そこで、シートの親オブジェクトであるブックをイベントの対象オブジェ
クトと考えてマクロを作成するのです。次に示すのが、そのWorkbook_
SheetActivateイベントプロシージャです。

　このマクロは、VBEで「ThisWorkbook」のコードウィンドウを開い
て、［オブジェクト］ボックスで「Workbook」、［プロシージャ］ボックスで
「SheetActivate」を選択して作成したものです。

事例5_6　不特定のシートをアクティブにしたときに実行するイベントプロシージャ
〔5-E.xlsm〕ThisWorkbook

```
Private Sub Workbook_SheetActivate(ByVal Sh As Object)

    MsgBox Sh.Name & "の内容は変更しないでください!"

End Sub
```

　このように、Workbook_SheetActivateイベントプロシージャは、p.186の
Workbook_NewSheetイベントプロシージャと同様に、アクティブとなった
Sheetオブジェクトの参照を引数の「Sh」として受け取って、マクロの中で使
用できます。

セルの値が変更されたときにマクロを自動実行する

ここからPart 5の最後までは、ワークシートに売上伝票を設計し、マクロで入力の補助を行う事例を紹介します。このテクニックを覚えると、ワークシート上にアプリケーションを開発できるようになります。

（ポイント）Worksheet_Changeイベントプロシージャ

セルの値が変更されたときにもイベントが発生します。

このイベントは、ブックレベルではSheetChangeイベントとして、また、シートレベルではChangeイベントとして認識されます。ここでは、シートレベルのChangeイベントを紹介することにしましょう。

サンプルブック〔5-F.xlsm〕のSheet1（Excel上のシート名は「売上入力」）には、Worksheet_Changeイベントプロシージャが作成されています。

このイベントプロシージャは、VBEのプロジェクトエクスプローラで「Sheet1」のコードウィンドウを開き、［オブジェクト］ボックスで「Worksheet」、［プロシージャ］ボックスで「Change」を選択して作成したものです。

〔5-F.xlsm〕では、「売上入力」シートのセルD5に顧客コードを入力すると、Worksheet_Changeイベントプロシージャの機能によって、そのコードに対応する顧客名がセルF5に表示されます（図5-12、5-13）。

■ シートのイベント

図5-12

図5-13

以下が、この処理を実現しているWorksheet_Changeイベントプロシージャです。

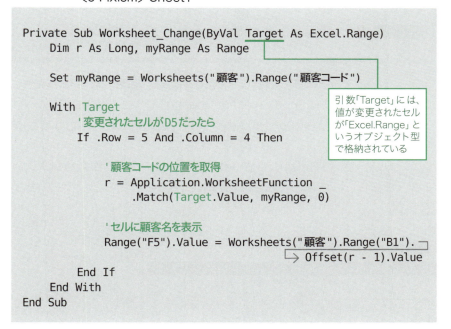

事例5_7　セルの値が変更されたときに自動実行するイベントプロシージャ
〔5-F.xlsm〕Sheet1

```
Private Sub Worksheet_Change(ByVal Target As Excel.Range)
    Dim r As Long, myRange As Range

    Set myRange = Worksheets("顧客").Range("顧客コード")

    With Target
        '変更されたセルがD5だったら
        If .Row = 5 And .Column = 4 Then

            '顧客コードの位置を取得
            r = Application.WorksheetFunction _
                .Match(Target.Value, myRange, 0)

            'セルに顧客名を表示
            Range("F5").Value = Worksheets("顧客").Range("B1"). _
                                    Offset(r - 1).Value

        End If
    End With
End Sub
```

引数「Target」には、値が変更されたセルが「Excel.Range」というオブジェクト型で格納されている

　なお、このWorksheet_Changeイベントプロシージャでは、入力された顧客コードが「顧客」シートに存在しない場合などのエラー処理は一切行っていません。
　その理由は、エラー処理まで想定するとそれだけマクロが煩雑になり、ここで学んでもらいたいポイントがわかりづらくなるからです。
　したがって、存在しない顧客コードを入力したり、入力した顧客コードを Delete キーなどで消去すると、エラーが発生してマクロの実行が中断しますので、その点は注意してください。

■ シートのイベント

方向キーを押しても特定のセルが選択できないようにする

ここでは、ワークシートで選択範囲を変更したときに発生するSelectionChangeイベントの応用として、方向キーを押しても特定のセルが選択できないようにするテクニックを紹介します。

ポイント Worksheet_SelectionChangeイベントプロシージャ

ワークシートで選択範囲を変更すると、SelectionChangeイベントが発生します（ブックレベルではSheetSelectionChangeイベントが発生します）。

このイベントも、ワークシートに入力用フォームを設計したときなどに威力を発揮します。

サンプルブック〔5-F.xlsm〕のSheet1（Excel上のシート名は「売上入力」）では、「商品名」セル（セルD8:D11）が選択できないように設計されています（図5-14）。

図5-14

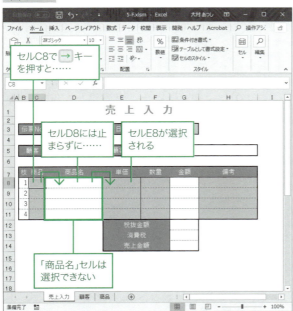

ここでは、商品名は商品コードを入力したときに自動表示される項目と位置づけて、ユーザーが任意に入力できないようにワークシートを設計しています。

本来は、商品コードに対応する商品名を表示するべきですが、マクロが煩雑になって本質がぼやけるため、そのような処理はしていません。

そして、この処理を実現しているのが、次のWorksheet_SelectionChangeイベントプロシージャです。

**事例5_8　方向キーを押しても特定のセルが選択できないようにする
　　　　　イベントプロシージャ**
〔5-F.xlsm〕Sheet1

```
Private Sub Worksheet_SelectionChange(ByVal Target As Range)
```

> 引数「Target」には、選択されたセルがオブジェクト型で格納されている。「Target」には、選択範囲が変更される前のセルではなく、変更されたあとのセルが格納されているので注意すること

```
    With Target
        If .Row = 8 And .Column = 4 Then       '選択されたセルがD8の場合
            Range("E8").Select
        ElseIf .Row = 9 And .Column = 4 Then   '選択されたセルがD9の場合
            Range("E9").Select
        ElseIf .Row = 10 And .Column = 4 Then  '選択されたセルがD10の場合
            Range("E10").Select
        ElseIf .Row = 11 And .Column = 4 Then  '選択されたセルがD11の場合
            Range("E11").Select
        End If
    End With
End Sub
```

このイベントプロシージャは、VBEのプロジェクトエクスプローラで「Sheet1」を選択してコードウィンドウを開き、［オブジェクト］ボックスで「Worksheet」、［プロシージャ］ボックスで「SelectionChange」を選択して作成したものです。

201

シートのイベント

セルをダブルクリックしたときにマクロを自動実行する

p.192のシートのイベントの種類の一覧表を見て、さらにここまで読み進めれば、「セルをダブルクリックする」のもイベントだと自然に受け入れられ、そのイベントプロシージャも想像がつくのではないでしょうか。

ポイント Worksheet_BeforeDoubleClickイベントプロシージャ

ワークシートでセルをダブルクリックすると、BeforeDoubleClickイベントが発生します（ブックレベルではSheetBeforeDoubleClickイベントが発生します）。このイベントも、ワークシートに入力用フォームを設計したときなどに威力を発揮します。

サンプルブック〔5-F.xlsm〕のSheet1（Excel上のシート名は「売上入力」）では、枝番2～4の「商品コード」セル（セルC9:C11）をダブルクリックすると、1行上の商品コードが転記されるように設計されています（図5-15）。

図5-15

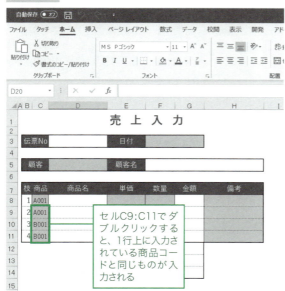

この処理を実現しているのが、次のWorksheet_BeforeDoubleClickイベントプロシージャです。

事例5_9　セルをダブルクリックしたときに自動実行するイベントプロシージャ
〔5-F.xlsm〕Sheet1

```
Private Sub Worksheet_BeforeDoubleClick(ByVal Target As Range,
                                      → Cancel As Boolean)
    With Target
        If .Row = 9 And .Column = 3 Then      '選択されたセルがC9の場合
            Range("C9").Value = Range("C8").Value
        ElseIf .Row = 10 And .Column = 3 Then '選択されたセルがC10の場合
            Range("C10").Value = Range("C9").Value
        ElseIf .Row = 11 And .Column = 3 Then '選択されたセルがC11の場合
            Range("C11").Value = Range("C10").Value
        End If
    End With

    Cancel = True ──────────── ❶
End Sub
```

なお、Worksheet_BeforeDoubleClickイベントプロシージャには引数のCancelがあります。これは、「既定のダブルクリックの操作をキャンセルするかどうか」という引数です。

Excelでは、セルをダブルクリックすると「セル内編集モード」になります。

しかし、ここでセルをダブルクリックする目的は、あくまでも1行上のデータを転記するためで、セル内編集モードにすることではありません。

そこで、❶のように引数のCancelに「True」を代入して、ダブルクリックをしてもセル内編集モードにならないようにしています。

シートのイベント

セルを右クリックしたときにマクロを自動実行する

「セルの右クリック」もイベントですが、ダブルクリック同様に、イベントプロシージャの引数のCancelをきちんと処理しないと、使い勝手の悪いイベントプロシージャになってしまいます。

ポイント Worksheet_BeforeRightClickイベントプロシージャ

　ワークシートでセルをダブルクリックしたときのイベントと似ていますが、セルを右クリックすると、BeforeRightClickイベントが発生します（ブックレベルではSheetBeforeRightClickイベントが発生します）。

　セルをダブルクリックするか、右クリックするかだけの違いで、前項と解説が重複しますので、ここでは、セルを右クリックしたら、1行上の商品コードを転記するWorksheet_BeforeRightClickイベントプロシージャを提示するにとどめます。

事例5_10 セルを右クリックしたときに自動実行するイベントプロシージャ
〔5-F.xlsm〕Sheet1

```
Private Sub Worksheet_BeforeRightClick(ByVal Target As Range, ┐
                              └→ Cancel As Boolean)
    With Target
        If .Row = 9 And .Column = 3 Then       '選択されたセルがC9の場合
            Range("C9").Value = Range("C8").Value
        ElseIf .Row = 10 And .Column = 3 Then '選択されたセルがC10の場合
            Range("C10").Value = Range("C9").Value
        ElseIf .Row = 11 And .Column = 3 Then '選択されたセルがC11の場合
            Range("C11").Value = Range("C10").Value
        End If
    End With

    Cancel = True          ──────────❶
End Sub
```

204

なお、セルを右クリックすると、Excelの既定の操作ではショートカットメニューが表示されるので、❶のように引数のCancelに「True」を代入して、右クリックをしてもショートカットメニューが表示されないようにしています。
　試しに、❶のステートメントを削除すると、1つ上の商品コードが転記されたあとに、図5-16のようにセルのショートカットメニューが表示されてしまうことが確認できます。

図5-16

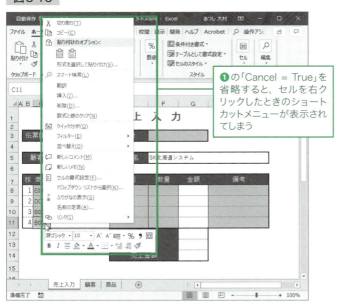

❶の「Cancel = True」を省略すると、セルを右クリックしたときのショートカットメニューが表示されてしまう

　さて、Part 5ではいくつかのイベントプロシージャを紹介してきましたが、こうしたテクニックをマスターすると、ワークシートだけでも機能的に十分なアプリケーションを構築できるようになることが実感できたと思います。

Part

6

待ち時間が劇的に
少なくなる

マクロの処理高速化

テクニック

Part 6で身につけること

Part 6で取り上げるのは「VBAでワークシート関数を使うテクニック」と「2次元配列」です。

なぜ違うテーマが1つのPartに収められているのかと思う人もいるかもしれません。

まず、VBAでワークシート関数を使うと、マクロの処理速度が劇的に向上するケースは決して珍しくありません。

また、2次元配列は「重たい処理」ですが、アイデア1つで処理速度の改善が見込めますので、両者をともに「マクロの処理高速化テクニック」としてPart 6で扱うことにしました。

いまではPCの性能も十分になり、マクロの処理速度で頭を悩ませる機会は減っていますが、それでも、「処理が終わるまでに5分もかかる」ようなマクロを使っている人は少なからずいます。

そして、断言はできませんが、この原因のほぼ大多数がループ処理に起因するものと思われます。言い換えれば、「ループさえしなければ」、処理時間5分のマクロが5秒で終わるように改善することも不可能ではないのです。

別のプログラミング言語を使用している人が、処理時間の長いVBAマクロを見て、「VBAは処理速度が遅い」と揶揄する。こんなケースはたびたびありますが、確かにVBAそのものが高速なプログラミング言語の部類に入るとはいいません。

しかし、Excelというアプリケーションは極めて高速です。VBA自体は低速でも、マクロの作り方1つで、実はほかのプログラミング言語よりも処理が高速になるケースは山ほどあります。

すなわち、「VBAからExcelの機能を効果的に呼び出す」ことがカギになるわけです。

私の肌感覚では、このことを知らずに「VBAは低速」と批判している人が多いように思えますが、Part 6を読めば、そうした批判は一蹴できるようになるでしょう。

ワークシート関数を使うほうが簡単で、速い

本書では、すでに「MATCH関数で完全に一致するデータを検索する」
（➡p.39）と「VLOOKUP関数で完全に一致するデータを検索する」（➡p.41）
で、VBAでワークシート関数を使っています。

ですから、Part 6では、みなさんは「VBAでワークシート関数を使うことが
できる」という前提で解説を進めます。

そして、Part 6ではSUM関数、SUMIF関数、COUNTIF関数を取り上げま
すが、どれもループ処理と条件判断でマクロを作りたくなるものばかりです。

処理時間がそれほどかからないのであれば、ループ処理と条件判断で作ったマク
ロがいけないわけではありません。ただし、処理時間のことは横においても、
ワークシート関数を使うほうがはるかにプログラミングは簡単になります。

Part 6を読むことで、ワークシート関数が使用できるケースで、ループ処理
と条件判断でマクロを作るのはあまりに非効率だと感じてもらえるのではないで
しょうか。

それくらい「使えるテクニック」ですので、楽しみながら学習してください。

2次元配列はこわくない

みなさんの中には、「2次元配列」と聞くだけで「難しい」と苦手意識が頭をも
たげる人がいませんか。

いえ、そうした人は確実にいると思われます。

しかし、そもそもExcelのワークシートが行と列からなる2次元配列のような
ものです。Excelが使えて、VBAの2次元配列が扱えないというのは矛盾してい
ます。

すなわち、系統だってきちんと学習すれば、2次元配列はおそるるに足らずで
す。

Part 6では、2次元配列を丁寧に解説しますので、どうか安心して取り組んで
ください。

VBAでワークシート関数を使うテクニック

最終セルの下に SUM 関数で合計値を入力する

Excelのワークシート関数というと誰もが真っ先に思い浮かべるSUM関数をマクロの中で使ってみましょう。肩慣らしではありますが、その便利さが実感できると思います。

ポイント WorksheetFunctionオブジェクト、
SUMワークシート関数

図6-1のように、セルA2を起点に下方向に数値が次々と入力されるワークシートがあるとします。

図6-1

現在は10,000件ですが、このセル範囲は可変で、今後、次々に数値が入力されるたびに最終セルが変わります。

この場合、真っ先に思いつくのは、For Each...Nextステートメントを使った次のようなマクロではないでしょうか。

```
For Each myRange In Range("A2", Range("A2").End(xlDown))
    mySum = mySum + myRange.Value
Next myRange

Range("A2").End(xlDown).Offset(1, 0).Value = mySum
```

　もちろん、このマクロが悪いわけではありません。むしろ、これだけのマクロがいとも簡単に作れるというのは、VBAユーザーとしては誇れることだと思います。
　しかし、「合計を求める」わけですから、こうしたケースではExcelのSUM関数を使うこともできます。
　そして、VBAはループ処理をすると実行速度が遅くなるという弱点がありますので、ループしなくても済むSUM関数で合計値を求めるほうがはるかに処理は高速です（ただし、データ件数にもよりますので一概にはいえません）。

　また、SUM関数を使ったほうがマクロははるかに簡略化されます。
　では、そのマクロを見てみましょう。

事例6_1　最終セルの下にSUM関数で合計値を入力する
〔6-A.xlsm〕Module1

```
Sub 事例6_1()
    Range("A2").End(xlDown).Offset(1, 0).Value = _
        Application.WorksheetFunction.Sum(Range("A2", ⌐
                            └→ Range("A2").End(xlDown)))
End Sub
```

　〔6-A.xlsm〕の「Sheet1」でマクロを実行すると、図6-2のようにセルA10002に合計値が入力されます。

211

VBAでワークシート関数を使うテクニック

図6-2

また、〔6-A.xlsm〕の「Module1」には「事例6_1_2」という「ループ処理で合計を求めるマクロ」もあり、「事例6_1_3」を実行すると、「SUM関数を使った場合」と「ループ処理をした場合」のマクロの処理時間の違いがイミディエイトウィンドウに表示されるようになっていますので、ぜひ確認してみてください。

条件に一致するセルの数値をSUMIF関数で合計する

前項の「マクロの中でSUM関数を使う」テクニックを理解していれば難しいことはなにもありませんが、今度はSUMIF関数を使って、条件に一致するセルの数値だけを集計してみることにしましょう。

ポイント　WorksheetFunctionオブジェクト、
　　　　　SUMIFワークシート関数

A列に1万件の県名が、そしてB列にその県名に対応する数値が入力されているワークシートがあるとします。

県名が「静岡県」のセルの数値を合計するマクロを作る場合、もしFor...Nextステートメントを使うのであれば次のようなマクロになります。

212

```
For i = 2 To 10001
    If Cells(i, 1).Value = "静岡県" Then
        myGokei = myGokei + Cells(i, 2).Value
    End If
Next i

Range("E1").Value = myGokei
```

　しかし、前項で解説したとおり、VBAはループ処理をすると処理速度が遅くなるという弱点がありますので、ここではループしなくて済むSUMIF関数で合計値を求めてみましょう。

　ちなみに、SUMIF関数の構文は次のとおりです。

SUMIF (条件範囲 , 検索条件 , 合計範囲)

　条件範囲には、数値を合計するかどうかの判断に使うセル範囲を指定します。
⟹　今回は、A列の県名がこれに該当します。

　検索条件には、どのようなセルを検索するかの条件を指定します。
⟹　今回は、「静岡県」という文字列がこれに該当します。

　合計範囲には、検索条件に一致したセルの、どのセル範囲の数値を合計するのかを指定します。
⟹　今回は、数値が入力されているB列がこれに該当します。

　では、マクロをご覧ください。

事例6_2 条件に一致するセルの数値をSUMIF関数で合計する
〔6-A.xlsm〕Module1

```
Sub 事例6_2()
    Range("E1").Value = Application.WorksheetFunction _
        .SumIf(Range("A:A"), "静岡県", Range("B:B"))
End Sub
```

〔6-A.xlsm〕の「Sheet2」でマクロを実行すると、図6-3のようにセルE1に「静岡県」の「件数」の合計値が入力されます。

図6-3

また、〔6-A.xlsm〕の「Module1」には「事例6_2_2」という「ループ処理で合計を求めるマクロ」もあり、「事例6_2_3」を実行すると、「SUMIF関数を使った場合」と「ループ処理をした場合」のマクロの処理時間の違いがイミディエイトウィンドウで確認できるようになっています。

Part
6

待ち時間が劇的に少なくなる[マクロの処理高速化]テクニック

文字列の一部が一致する個数を COUNTIF関数で取得する

VBAでワークシート関数を使うテクニックの最後として、文字列の一部が一致する個数を取得するケースを紹介します。使用するのは、これもおなじみのCOUNTIF関数です。

ポイント WorksheetFunctionオブジェクト、COUNTIFワークシート関数

あるセル範囲内で文字列の一部が一致するデータの数（セルの数）を数える場合、Like演算子を使った次のマクロを思い浮かべる人が多いのではないでしょうか。

```
For Each myRange In Range("A1:F10000")
    If myRange.Value Like "*村*" Then
        myCount = myCount + 1
    End If
Next myRange

Range("I1").Value = myCount
```

これは、「村」を含むセルの個数を求めるマクロですが、処理速度の向上を意識するのであれば、再三述べてきたとおりワークシート関数に軍配が上がります（データ量にもよります）。

そこで、このマクロをCOUNTIF関数を使用したものに書き換えてみましょう。

事例6_3　文字列の一部が一致する個数をCOUNTIF関数で取得する
　　　〔6-A.xlsm〕Module1

```
Sub 事例6_3()
    Range("I1").Value = Application.WorksheetFunction _
        .CountIf(Range("A1:F10000"), "=*村*")
End Sub
```

215

〔6-A.xlsm〕の「Sheet3」でマクロを実行すると、図6-4のようにセルI1に「村」を含むデータの数（セルの数）が入力されます。

図6-4

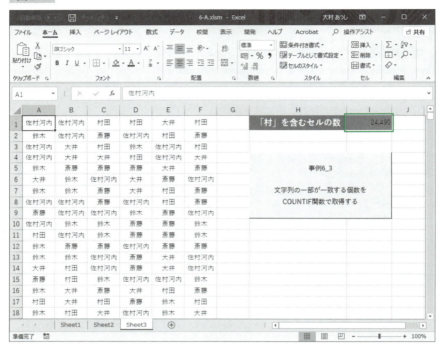

　これまでと同じく、〔6-A.xlsm〕の「Module1」には「事例6_3_2」という「ループ処理で合計を求めるマクロ」もあり、「事例6_3_3」を実行すると、「COUNTIF関数を使った場合」と「ループ処理をした場合」のマクロの処理時間の違いがイミディエイトウィンドウで確認できるようになっています。

バリアント型変数に関する
テクニック

2次元配列の基本的な使い方

ここで解説するテクニックは、2次元配列を理解していないと少し難解です。そこで、まずは2次元配列についてページを割きますが、すでに知っている人はp.221に読み進めてください。

ポイント 2次元配列の基本を理解する

　見慣れたExcelのワークシートは、行と列からなる2次元のマトリクスです。また、ピボットテーブルを使えば3次元の表も作成可能です。同様に、VBAでも2次元や3次元の「多次元配列」を扱うことができます。仕様的には最大60次元の配列まで使えますが、現実的には2次元配列が使いこなせれば十分です。

　まず、次のような行と列からなる2次元のデータを想定しましょう。

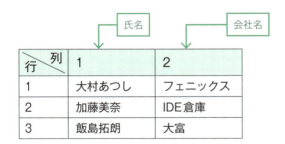

　次のマクロは、このデータを2次元配列に格納して、イミディエイトウィンドウに出力するものです。

事例6_4　2次元配列の基本的な使い方
〔6-B.xlsm〕Module1

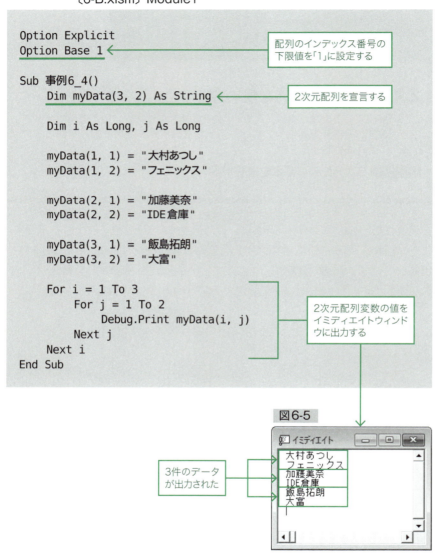

```
Option Explicit
Option Base 1        ← 配列のインデックス番号の下限値を「1」に設定する

Sub 事例6_4()
    Dim myData(3, 2) As String    ← 2次元配列を宣言する

    Dim i As Long, j As Long

    myData(1, 1) = "大村あつし"
    myData(1, 2) = "フェニックス"

    myData(2, 1) = "加藤美奈"
    myData(2, 2) = "IDE倉庫"

    myData(3, 1) = "飯島拓朗"
    myData(3, 2) = "大富"

    For i = 1 To 3
        For j = 1 To 2
            Debug.Print myData(i, j)
        Next j
    Next i
End Sub
```

2次元配列変数の値をイミディエイトウィンドウに出力する

図6-5

3件のデータが出力された

〔6-B.xlsm〕の「Sheet1」でマクロを実行すると、図6-5のように2次元配列の要素がイミディエイトウィンドウに出力されます。

さて、このマクロでは「Option Base 1ステートメント」を使用しています。

配列変数の場合、要素は「0」から始まりますが、「Option Base 1ステートメント」を使うと、配列変数の要素は「1」から始まります。

ちなみに、ほかのプログラミング言語に精通した人で、こうしたテクニックを「邪道」と切り捨てる人がいますが、私は、セルの行と列が「1」から始まるのに、変数は「0」から始まるというマクロにむしろ大きな違和感を覚えます。

いずれにしても、ここは、ご自身の好みで選んでください。

2次元配列の要素をワークシートに展開する

2次元配列について理解すると、こんなことが頭をよぎるでしょう。「ワークシートも行と列の2次元配列なのでは？」。2次元配列の要素をワークシートに展開してみましょう。

ポイント 2次元配列の要素、Cellsプロパティ

2次元配列は、Excelのワークシートにたとえると「(行, 列)」形式で定義されます。

$$\text{Dim myData}(\underline{3}, \underline{2})\text{ As String}$$
行　列

ということは、2次元配列は、同じく「(行, 列)」形式のCellsプロパティと親和性が高いということになります。

では、2次元配列の要素をワークシートに展開するマクロを見てください。

219

バリアント型変数に関するテクニック

事例6_5　2次元配列の要素をワークシートに展開する
　　　　　〔6-B.xlsm〕Module1

```
Option Explicit
Option Base 1          配列のインデックス番号の下
                       限値を「1」に設定する

Sub 事例6_5()
    Dim myData(3, 2) As String      2次元配列を宣言する

    Dim i As Long, j As Long

    myData(1, 1) = "大村あつし"
    myData(1, 2) = "フェニックス"

    myData(2, 1) = "加藤美奈"
    myData(2, 2) = "IDE倉庫"

    myData(3, 1) = "飯島拓朗"
    myData(3, 2) = "大富"

    For i = 1 To 3
        For j = 1 To 2
            Cells(i, j).Value = myData(i, j)    2次元配列変数
        Next j                                  の値をセルに出
    Next i                                      力する
End Sub
```

　〔6-B.xlsm〕の「Sheet2」でマクロを実行すると、図6-6のように2次元配列
の要素がセルに展開されます。

220

図6-6

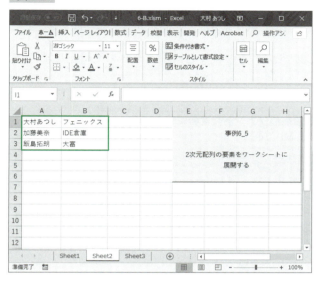

セル範囲の値をバリアント型変数に代入する

セル範囲は行と列の2次元の表ですから、2次元配列を知っていると、どうしてもそれに頼りたくなります。いえ、頼るのがいけないわけではありませんが、こんなときこそバリアント型変数の出番です。

ポイント バリアント型変数を2次元配列変数として使う

マクロの中で、セルの値を次のように変数に代入するケースは頻繁にあります。

```
Dim myData As String
myData = Range("A1").Value
```

それでは、A1:E10のようなセル範囲の値を変数に格納するときにはどうすればよいのでしょう。単純に考えると、セル範囲は行と列の2次元の表ですから、2次元の配列変数を利用したくなります。

しかし、Excel VBAでは、セル範囲の値をバリアント型変数に代入すると、その変数は自動的に2次元の配列変数となります。

次のマクロは、Excel VBAのこの特性を証明するために用意しました。Excel VBAならではの、隠れた、しかし使えるテクニックです。

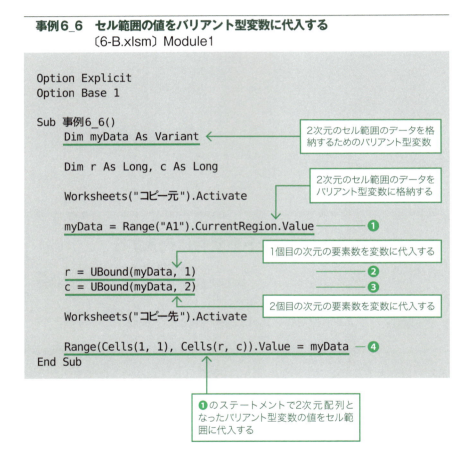

このマクロを、〔6-B.xlsm〕の「コピー元」シートのようなワークシートに対して実行すると（図6-7）、❶のステートメントによって、変数「myData」は5行3列の2次元配列となります。

図6-7

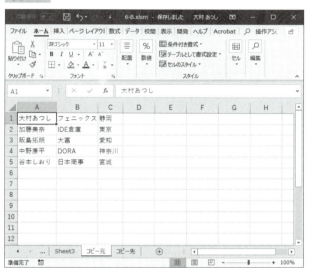

バリアント型変数「myData」の内容

行＼列	1	2	3
1	大村あつし	フェニックス	静岡
2	加藤美奈	IDE倉庫	東京
3	飯島拓朗	大富	愛知
4	中野康平	DORA	神奈川
5	谷本しおり	日本商事	宮城

したがって、❷・❸のステートメントによって、変数「r」には「5」が、変数「c」には「3」が格納されます。

バリアント型変数に関するテクニック

　そして、もう1つ重要な点ですが、2次元配列のバリアント型変数をセル範囲に転記するときに、For...Nextステートメントのようなループ処理をする必要はありません。❹のステートメントで一度に配列のデータを転記できるからです。

　VBAは、ループ処理をするほど処理が低速になるという特性がありますので、ここで紹介したテクニックは、まぎれもない「マクロの処理高速化テクニック」です。
　実際に、〔6-B.xlsm〕の「Sheet3」のマクロを、〔6-B.xlsm〕の「コピー元」シートのようなワークシートに対して実行すると、❶のステートメントによって、変数「myData」は5行3列の2次元配列となります。
　そして、そのデータはループ処理をする必要もなく、「コピー先」シートに転記されます。

　この「事例6_6」のマクロで、バリアント型変数を使えばセル範囲のデータを扱うときに2次元配列を使用する必要がないことが理解できたと思います。
　ただし、同様の処理はCopyメソッドとPasteメソッドでも実現可能です。そのため、ここで紹介したマクロはあくまでもサンプルだと考えてください。

ONEPOINT **バリアント型変数とOption Base 1ステートメント**

　バリアント型の変数に複数のセルの値を一括代入した場合、Option Base 1ステートメントを使わなくても配列の下限値は「1」に設定されますが、混乱を避けるためにも、やはりOption Base 1ステートメントを使うことをおすすめします。

　また、これは豆知識ですが、Option Baseステートメントで指定できる数値は「0」か「1」だけです。「2」以上の数値は使用できません。
　そして、Option Baseステートメントを記述しなければ配列の下限値は自動的に「0」になりますので、「Option Base 0」と指定する必要はなく、その結果、必然的に「Option Base 1」というステートメントだけを使うことになります。

ONEPOINT **バリアント型変数の初期化にはEraseステートメントを使う**

For...Nextステートメントを使った次の処理なら、配列を初期化できます。

```
For i = 0 To 6
    myWeek(i) = ""
Next i
```

しかし、For Each...Nextステートメントを使った次の処理では配列の初期化はできません。

```
For Each myVar In myWeek
    myVar = ""
Next myVar
```

なんとも不思議な話ですが、バリアント型変数とFor Each...Nextステートメントを使う場合には、一度、配列変数のデータをメモリ上の別の領域にコピーして、そのコピー領域のデータを高速に読み出します。

したがって、値の取得は可能ですが、同じ方法で配列変数を初期化しようとしても、コピーされた領域が初期化されるだけで、オリジナルの配列変数の値は初期化されないのです。

もっとも、VBAには配列を初期化するEraseステートメントがありますので、次のステートメントで配列の値をクリアしてください。

```
Erase myWeek
```

Part

7

これであなたも
立派な開発者

ユーザーフォーム
テクニック

Part 7で身につけること

これは個人的な意見ですが、「VBAユーザー」と「VBAプログラマー（VBA開発者）」を分ける要因の1つは、「ユーザーにどのようなユーザーインターフェースを提供できるか」、すなわち「ユーザーフォーム」だと思っています。

Part 7では、このユーザーフォームを取り上げます。

ユーザーフォームはとても「ユーザーフレンドリー」です。言い換えれば、データ入力がしやすくなります。

たとえば、都道府県を手入力しなくてもリストボックスから選択できたり、テキストボックスに数字しか入力できないようにして不正なデータの入力を防ぐことも可能になります。

そして、そうしたプログラミングができる人を、私は冒頭で「VBAプログラマー（VBA開発者）」と定義したわけです。

これは私の持論に過ぎないのでいろいろな意見があると思いますが、私は、Part 7を読んで理解した人は立派な「開発者」だと認識しています。

まず学ぶべきはユーザーフォーム

Part 7は4つに分類されますが、なにをおいても、まずはコントロールを配置するユーザーフォームを理解しないことにはなにもできません。

そこで、最初にユーザーフォームに関するテクニックをしっかりと身につけてもらいます。

コントロールについて解説した書籍はたくさんあるのですが、ユーザーフォームはどうしてもないがしろにされがちです。

その理由を私なりに考えたところ、ユーザーフォームになにかを入力できるわけではありませんので、「ユーザーフォームはコントロールを置くためのただの土台」という意識が強いためだと思い至りました。

しかし、「土台」だからこそ、しっかり学ばなければいけないと私は考えます。

確かに地味かもしれませんが、ダイアログボックスは家と同じです。だからこそ大切なのは「土台」なのではないでしょうか。

コマンドボタンとテキストボックス

次に解説するのはコマンドボタンとテキストボックスです。

ユーザーフォームに配置できるコントロールはたくさんありますが、もっとも使用頻度が高いのはコマンドボタンとテキストボックスです。

とくに、データの入力後はほぼ必ず［OK］か［キャンセル］を選択しますので、コマンドボタンなしでダイアログボックスを作成するのは不可能といってもいいでしょう。

そうした意味では、ここはPart 7の最重要パートかもしれません。

選択を行うコントロール

ダイアログボックスの醍醐味の1つは、わざわざ手入力しなくても、すでに用意された項目から目的のデータを選択できることですね。

みなさんも、インターネット上の登録画面などで、都道府県を選んだり、該当するものにチェックしたりといった経験を何度もお持ちでしょう。

このような「選択を行うコントロール」について学習します。

おなじみのスクロールバーを自作する

そして最後に、スクロールバーを自作します。

このスクロールバーも、わざわざ手入力で数字を入力しなくてもよいという意味では、とてもユーザーフレンドリーなコントロールです。

その一方で、スクロールバーはクリックする場所が「矢印の部分」と「矢印とスクロールボックスの間」の2つがあり、クリックしたときの移動量を考えなければなりません。開発する側としては工夫が必要ですので、丁寧に解説していきます。

ユーザーフォームを操作する
テクニック

ユーザーフォームを追加してコントロールを配置する

ここでは、VBEでブックにユーザーフォームを追加する方法とユーザーフォームのイベントを解説します。ユーザーフォームの追加はとても簡単で、Excelで図形を描くようにマウスで配置して、自分好みにサイズなどの外観を調整します。

ポイント ユーザーフォームを追加する、Initializeイベント、
QueryCloseイベント

　ユーザーフォームは、VBEの［標準］ツールバーの［ユーザーフォームの挿入］ボタンをクリックすると追加されます（図7-1）。

図7-1

　そうすると、自動的に図7-2の［ツールボックス］ツールバーが表示されるので、

❶ 目的のコントロールをユーザーフォームにドラッグ＆ドロップする
❷ ［ツールボックス］ツールバーで目的のコントロールをクリックして選択したあと、ユーザーフォーム上でクリックする

のどちらかの方法で、コントロールをユーザーフォームに配置してください。

図7-2

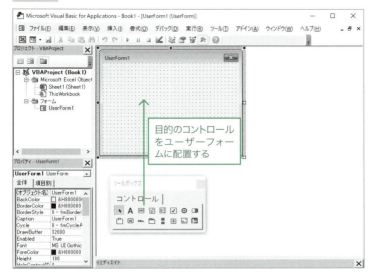

そして、配置したコントロールは、位置やサイズを自由に変更できます。

ユーザーフォームが初期化されるときに処理を行う

ユーザーフォームがメモリに読み込まれ、初期化されるときには Initialize イベントが発生します。

このイベントは、ユーザーフォームが表示される直前に、配置したコントロールのプロパティを設定したり、処理に必要な変数の値を初期化したりするために使います。

では、ユーザーフォームの Initialize イベントプロシージャを作成してみましょう。

まず、ブックにユーザーフォームを追加してください。オブジェクト名は「UserForm1」のままでけっこうです。

そして、ユーザーフォームを右クリックして、ショートカットメニューから[コードの表示]を選択します。

すると、図7-3のように「UserForm1」のコードウィンドウが表示されます。

図7-3

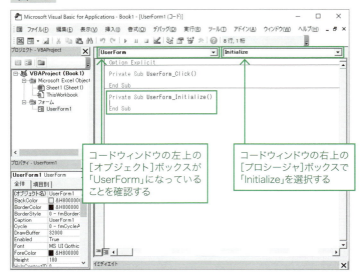

Initializeイベントプロシージャの入れものができるので、この中に必要な処理を記載してください。

ユーザーフォームが閉じられないようにする

ユーザーフォームが閉じる直前には、QueryCloseイベントが発生します。

このイベントに対応するイベントプロシージャを作成すると、フォームが閉じる直前に任意の処理を行うことができます。

では、QueryCloseイベントプロシージャを使って、ユーザーフォームを［×］ボタンでは閉じられないようにしてみましょう。

なお、ユーザーフォームのQueryCloseイベントプロシージャの作り方は、先ほどのInitializeイベントプロシージャの作り方を参考に、コードウィンドウの［プロシージャ］ボックスで「QueryClose」を選択して、QueryCloseイベントプロシージャの入れものを作成してください。

次に、「事例7_1」を参考にコードを記述してください。

事例7_1 ユーザーフォームが閉じられないようにする
〔7-A.xlsm〕UserForm1

```
Private Sub UserForm_QueryClose(Cancel As Integer,
                                    CloseMode As Integer)

    If CloseMode = vbFormControlMenu Then
        MsgBox "×ボタンでは閉じることができません。
                ユーザーフォームをクリックしてください。"

        Cancel = True
    End If

End Sub
```

このマクロによって、ユーザーフォームを［×］ボタンで閉じることができなくなったので、代わりに、ユーザーフォームをクリックしたらユーザーフォームが閉じられるように、あわせて次のClickイベントプロシージャも作成してください。Clickイベントプロシージャでは、p.236で紹介するUnloadステートメントでユーザーフォームを閉じています。

```
Private Sub UserForm_Click()

    Unload UserForm1

End Sub
```

これで、マクロは完成です。

〔7-A.xlsm〕の「Sheet1」でマクロを実行するとユーザーフォームが表示されますが、［×］ボタンを押しても、図7-4のメッセージボックスが表示されてユーザーフォームが閉じられないことを確認してください。

図7-4

　代わりに、ユーザーフォームをクリックするとユーザーフォームを閉じることができますが、本来このテクニックは、ユーザーフォーム上に配置したコントロールに必要な情報を入力し終わるまでは、ユーザーがユーザーフォームを勝手に閉じることができないようにする、というような目的で使うのが一般的です。

　このQueryCloseイベントプロシージャの構文は、

```
Private Sub UserForm_QueryClose(Cancel As Integer, ┐
                                 └→ CloseMode As Integer)
```

となっており、マクロタイトル右横の引数には、閉じる処理をキャンセルできる「Cancel」と、ユーザーフォームがどのように閉じられるのかを示す「CloseMode」があります。
　「事例7_1」では、QueryCloseイベントが発生した理由が、ユーザーフォームの［×］ボタンが押されたためである場合は、引数のCancelに「True」を代入して、ユーザーフォームが閉じる処理をキャンセルしています。

　また、引数のCloseModeが返す値は以下のとおりです。

定数	値	説明
vbFormControlMenu	0	ユーザーフォームのコントロールメニューの［×］ボタンが押された場合
vbFormCode	1	VBAのコードからUnloadステートメントが実行された場合

ユーザーフォームを2パターンの方法で表示する

ユーザーフォームを表示するときには、「モーダル」と「モードレス」があります。ここでは、それぞれの違いについて解説します。

ポイント Showメソッド、vbModal、vbModeless

ユーザーフォームはShowメソッドで表示しますが、このときに2種類の表示方法があります。

1種類は、ユーザーフォームを表示したら、セルを選択するなどのExcelの操作ができない表示方法で、ユーザーフォームやユーザーフォームのコントロールしか操作することができません。

この表示方法を「モーダル」と呼び、Showメソッドの引数に「vbModal」を指定した次のステートメントを実行すると、ユーザーフォームは「モーダルな状態」で表示されます。

```
UserForm1.Show vbModal
```

もう1種類は、ユーザーフォームを表示している最中にも、セルを選択するなどのExcelの操作が行える「モードレス」の表示です。

Showメソッドの引数に「vbModeless」を指定した次のステートメントを実行すると、ユーザーフォームは「モードレスな状態」で表示されます。

```
UserForm1.Show vbModeless
```

なお、引数を指定せずにShowメソッドを実行した場合には、[プロパティ]ウィンドウの「ShowModal」の設定値に従って表示されますが、「ShowModal」の既定値は「True」なので、引数を指定しなかったら、ユーザーフォームは実質的に「モーダルな状態」で表示されます。

したがって、引数の「vbModal」はわざわざ指定する必要はなく、次のステートメントで、ユーザーフォームを「モーダルな状態」で表示することができ

235

ユーザーフォームを操作するテクニック

ます。

```
UserForm1.Show
```

ユーザーフォームを2パターンの方法で閉じる

ユーザーフォームは、2種類の方法で閉じることができます。通常はUnloadステートメントを使いますが、理解を深めてもらうためにHideメソッドについても説明します。

ポイント Unloadステートメント、Hideメソッド

ユーザーフォームを閉じる場合には、Unloadステートメントを使用します。Unloadメソッドではないので、次の構文に注意してください。

```
Unload UserForm1
```

Unloadステートメントは、ユーザーフォームをメモリ上から削除しますので、Showメソッドで再表示したさいには、ユーザーフォーム上で入力した値などはクリアされた状態となります。

一方、次のようにHideメソッドを利用してもユーザーフォームを閉じることができます。

```
UserForm1.Hide
```

このHideメソッドの場合は、ユーザーフォームはメモリ上からは削除されません。ですから、「閉じる」というよりも、文字どおり「隠す」といったほうがいいかもしれません。Showメソッドで再表示した場合には、入力した値がそのままの状態で画面に表示されます。

基本的な入力や表示を行うコントロール

🖳 コマンドボタンが押されたときに処理を行う

コマンドボタンは、もっとも使われるコントロールです。データを入力、選択したら最後にコマンドボタンを押すからです。コマンドボタンのClickイベントプロシージャを作成してみましょう。

ポイント Clickのイベントプロシージャ

コマンドボタンが押されると、Clickイベントが発生します。このClickイベントプロシージャを作成すると、コマンドボタンが押されたときに任意の処理を行うことができます。

実際にClickイベントプロシージャを作成してみましょう。
ここでは、[表示／非表示の切り替え][有効／無効の切り替え]という2つのコマンドボタンを作ります（図7-5）。
そして、上の[表示／非表示の切り替え]ボタンをクリックするたびに、下のボタンの表示／非表示が切り替わります。
また、下の[有効／無効の切り替え]ボタンをクリックするたびに、上のボタンの有効／無効の切り替えが行われるように設定します。

図7-5

基本的な入力や表示を行うコントロール

　まず、前準備として、ユーザーフォームにコマンドボタンを2つ配置して、[プロパティ] ウィンドウのCaptionプロパティで、それぞれのコマンドボタンの文字列を「表示／非表示の切り替え」と「有効／無効の切り替え」に変更してください。

　このとき、オブジェクト名は変更せずに、2つのコマンドボタンのオブジェクト名は、「CommandButton1」と「CommandButton2」のままにしてください。

　では、そのマクロを見てもらいますが、その前にサンプルブック「7-B.xlsm」の「Sheet1」で2つのコマンドボタンを何回かクリックして、コマンドボタンの「表示／非表示」と「有効／無効」が切り替わることを確認しておいたほうが、よりマクロの理解が深まるかもしれません。

事例7_2_1　コマンドボタンの表示／非表示の切り替え
〔7-B.xlsm〕UserForm1

```
Private Sub CommandButton1_Click()

    With CommandButton2
        .Visible = Not .Visible
    End With

End Sub
```

Visibleプロパティは、コントロールの表示／非表示の状態を取得したり設定したりします。

同様に、「CommandButton2」のClickイベントプロシージャも作成します。

事例7_2_2　コマンドボタンの有効／無効の切り替え
〔7-B.xlsm〕UserForm1

```
Private Sub CommandButton2_Click()

    With CommandButton1
```

238

```
            .Enabled = Not .Enabled
        End With

End Sub
```

Enabledプロパティは、コントロールの有効／無効の状態を取得したり設定したりします。

〔7-B.xlsm〕の「Sheet1」でマクロを実行すると、先ほどの図7-5のようなユーザーフォームが表示されます。

上のコマンドボタンを押すたびに、下のコマンドボタンの表示／非表示が切り替わります。また、下のコマンドボタンを押すたびに、上のコマンドボタンの有効／無効が切り替わります。

既定のボタンとキャンセルボタン

コマンドボタンはユーザーフォームでもっとも使われるコントロールですから、マウスでクリックしなくても、キーボードで「押す」ことができるように設計できます。

ポイント Defaultプロパティ、Cancelプロパティ

コマンドボタンは、「既定のボタン」と「キャンセルボタン」という設定を行うことができます。

既定のボタンは、フォーカスがない状態でも周りが黒い枠で囲まれており、Enter キーを押すことによって「クリックする」ことができます。

キャンセルボタンは、フォーカスがない状態でも、Esc キーを押すことによって「クリックする」ことができます。

これは、［はい］ボタンと［いいえ］ボタンを作ったときなどに、マウスを握らなくても Enter キーだけで実行したいなら、［はい］ボタンを既定のボタンにしたり、逆に、ユーザーのミスを防ぎたいなら［いいえ］ボタンを既定のボタンにする、といった具合に状況に応じて設定します。

239

基本的な入力や表示を行うコントロール

　この設定はマクロを作らなくても、コマンドボタンの［プロパティ］ウィンドウで、Defaultプロパティを「True」にすれば既定のボタンに、Cancelプロパティを「True」にすればキャンセルボタンになります（図7-6）。

図7-6

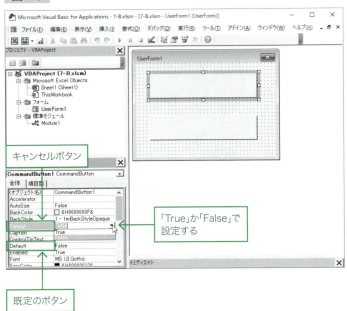

〔7-B.xlsm〕の「Sheet2」でマクロを実行すると、図7-7のようなユーザーフォームが表示されます。
　そして、 Enter キーを押すと「既定のボタンがクリックされました」、 Esc キーを押すと「キャンセルボタンがクリックされました」とメッセージボックスが表示されます。
　ただし、後述のONEPOINTで説明するとおり、一度 Esc キーを押してキャンセルボタンがフォーカスされると、その後は Enter キーを押しても、フォーカスのあるキャンセルボタンを押したことになるので注意してください。

図7-7

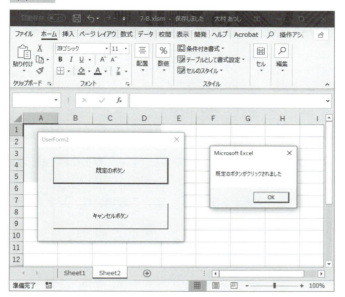

　なお、既定のボタンとキャンセルボタンは、1つのユーザーフォーム上に、それぞれ1つずつしか設定することができません。あるコントロールのDefaultプロパティをTrueに設定すると、同じユーザーフォーム上に配置したほかのコントロールのDefaultプロパティは、自動的にすべてFalseに設定されます。この仕様はCancelプロパティも同様です。

ONEPOINT フォーカスが別のコマンドボタンにあるとき

　フォーカスが別のコマンドボタンにあるときに Enter キーを押すと、既定のボタンよりもフォーカスが優先されて、フォーカスがあるコマンドボタンのClickイベントが発生します。

abl テキストボックスに入力できる文字数を制限する

テキストボックスは、入力できる文字数を制限することができます。この機能を応用すると、「必ず4桁の顧客コード」を入力したら、自動的に次のコントロールにフォーカスを移すといったこともできます。

> ポイント MaxLengthプロパティ、AutoTabプロパティ

テキストボックスに入力できる文字数を制限するためには、MaxLengthプロパティを使います。

MaxLengthプロパティのデフォルト値は「0」で、この場合は、文字数に制限がありません。

このプロパティに［プロパティ］ウィンドウで「0」以外の数値を設定すると、そのテキストボックスには設定した数値分の文字数しか入力できなくなります。

たとえば、MaxLengthプロパティを「4」に指定すると、半角／全角を問わずに4文字しか入力できません。そして、このときに［プロパティ］ウィンドウでAutoTabプロパティが「True」に設定されていると、制限数まで文字を入力すると自動的にフォーカスが次のコントロールに移動するようになります。

〔7-B.xlsm〕の「Sheet3」でマクロを実行すると、図7-8のようなユーザーフォームが表示されます。上のテキストボックスに4文字入力すると、自動的に下のテキストボックスにフォーカスが移ることを確認してください。

図7-8

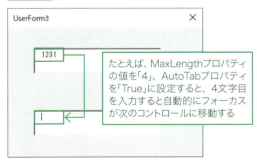

Part
7

これであなたも立派な開発者［ユーザーフォーム］テクニック

ONEPOINT **MaxLengthプロパティと全角文字**

テキストボックスのMaxLengthプロパティで文字数を設定し、AutoTabプロパティを「True」に設定するのは、テキストボックスに入力する文字が半角のときだけにしたほうがよいでしょう。

というのも、IMEがローマ字入力モードでオンになっていると、「あ」「い」「う」「え」「お」の場合はいいのですが、それ以外の文字では最後の文字を入力したときの挙動がおかしくなります。具体的には、勝手に最初の文字が消えてしまったり、入力途中でフォーカスが次のコントロールに移ってしまったりするのです。

なお、IMEの切り替えについては、p.245の「テキストボックスのIMEを自動的に切り替える」で解説します。

テキストボックスの文字列を取得／設定する

テキストボックスの文字列の取得／設定は、Textプロパティ、もしくはValueプロパティで行います。どちらを使っても機能的に大きな差異はありませんが、プロパティの戻り値のデータ型が異なります。

ポイント **Textプロパティ、Valueプロパティ**

初期状態でテキストボックス内に表示される文字列は、［プロパティ］ウィンドウのTextプロパティ、あるいはValueプロパティで設定できます。Textプロパティに値を設定したら、自動的にValueプロパティも同じ値になります。同様に、Valueプロパティに値を設定したら、自動的にTextプロパティも同じ値になります。

しかし、テキストボックスの文字列の取得と設定は、マクロの実行中に行うのが一般的ではないでしょうか。

テキストボックスのTextプロパティとValueプロパティは、同じものと考えてまったく差しつかえはありませんが、厳密には、TextプロパティはString型の値を返し、Valueプロパティはバリアント型の値を返します。

では、実際にマクロを見てみましょう。

243

事例7_3　テキストボックスの文字列を取得／設定する
〔7-B.xlsm〕UserForm4

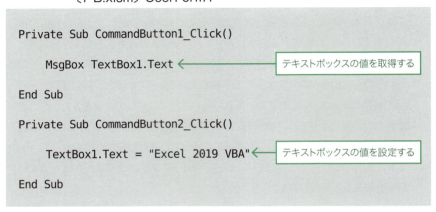

```
Private Sub CommandButton1_Click()
    MsgBox TextBox1.Text    ← テキストボックスの値を取得する
End Sub
Private Sub CommandButton2_Click()
    TextBox1.Text = "Excel 2019 VBA"    ← テキストボックスの値を設定する
End Sub
```

〔7-B.xlsm〕の「Sheet4」でマクロを実行すると、ユーザーフォームが表示されます。テキストボックスになにか値を入力し（初期値は「大村あつし」）、[取得] ボタンをクリックすると、図7-9のようにテキストボックスの値がメッセージボックスに表示されます。

図7-9

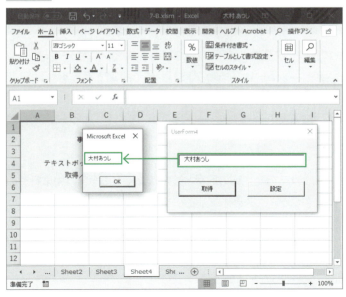

また、［設定］ボタンをクリックすると、テキストボックスの値が「Excel 2019 VBA」になります。

テキストボックスのIMEを自動的に切り替える

テキストボックスは、フォーカスされたときにIME（日本語入力システム）を自動的に設定することができます。設定は、［プロパティ］ウィンドウのIMEMode プロパティで行います。

ポイント IMEMode プロパティ

テキストボックスのIMEMode プロパティを［プロパティ］ウィンドウで設定すると、実行時にフォーカスを取得したときに、自動的にIMEの入力モードが次のように切り替わります。

定数	値	説明
fmIMEModeNoControl	0	IMEモードを変更しない（既定値）
fmIMEModeOn	1	IMEモードをオンにする
fmIMEModeOff	2	IMEモードをオフにする
fmIMEModeDisable	3	IMEを無効にする
fmIMEModeHiragana	4	全角ひらがなモードでIMEをオンにする
fmIMEModeKatakana	5	全角カタカナモードでIMEをオンにする
fmIMEModeKatakanaHalf	6	半角カタカナモードでIMEをオンにする
fmIMEModeAlphaFull	7	全角英数モードでIMEをオンにする
fmIMEModeAlpha	8	半角英数モードでIMEをオンにする

これは、各自でテキストボックスを作成して確認してみてください。

基本的な入力や表示を行うコントロール

テキストボックスで文字を隠してパスワードを入力する

Webサイトなどでパスワードを入力するときには、文字が表示されずに「*」が表示されて、他人にパスワードがわからないようになっていますね。テキストボックスでも同様のことができます。

ポイント PasswordCharプロパティ

テキストボックスのPasswordCharプロパティに任意の文字を設定すると、そのテキストボックスに入力された内容を設定した文字で隠して、画面に表示されないようにすることができます。

PasswordCharプロパティには、入力された文字を隠すための任意の文字（これを「プレースホルダー文字」と呼びます）を設定することができます。図7-10では、一般的に使われる「*」を［プロパティ］ウィンドウのPasswordChar欄で指定しています。

図7-10

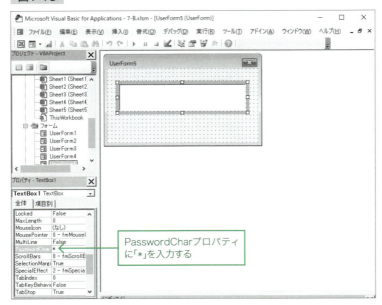

PasswordCharプロパティに「*」を入力する

〔7-B.xlsm〕の「Sheet5」でマクロを実行し、テキストボックスに値を入力すると、図7-11のように「*」で文字が隠れます。

図7-11

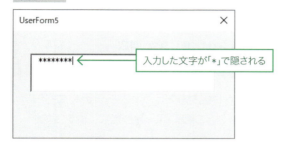

入力した文字が「*」で隠される

また、PasswordCharプロパティで文字を隠すと、その文字列は、「コピー」や「切り取り」もできなくなりますが、Textプロパティ、あるいはValueプロパティを使って、マクロ内で、テキストボックスに入力された値を取得することはできます。

テキストボックスで複数行の入力を可能にする

テキストボックスで複数行を入力できるようにするには、MultiLineプロパティを使用します。ただこれだけのことですが、単一行のテキストボックスとはEnterキーの挙動が変わります。

ポイント MultiLineプロパティ、EnterKeyBehaviorプロパティ

テキストボックスのMultiLineプロパティを［プロパティ］ウィンドウで「True」に設定すると、複数行の入力が可能になります。この状態では、Ctrlキーを押しながらEnterキーを押して改行します。

さらに、EnterKeyBehaviorプロパティも「True」に設定すると、Enterキーのみで改行することができます。

テキストボックスに入力された文字をチェックする

これまでに紹介したテキストボックスのテクニックのほとんどは［プロパティ］ウィンドウで実現が可能でしたが、ここではテキストボックスの代表的なイベントプロシージャを学習することにしましょう。

ポイント KeyPressイベントプロシージャ、Asc関数

　テキストボックスに対してキーボードから入力を行うと、キーを1つ押すたびに、KeyDown、KeyUp、KeyPressの3つのイベントが発生します。

　KeyDownイベントとKeyUpイベントは対になっており、それぞれ、キーが押されたときと、キーが離されたときに発生し、どちらもイベントプロシージャに、押されたキーの「キーコード」が引数として渡されます。

　KeyPressイベントは、KeyDownイベントと同じようにキーが押されたときに発生しますが、イベントプロシージャには、入力した文字の「文字コード」が引数として渡されるという違いがあります。

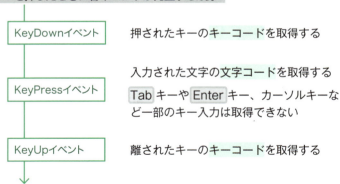

キーを押したときに各イベントが発生する順序

- KeyDownイベント：押されたキーのキーコードを取得する
- KeyPressイベント：入力された文字の文字コードを取得する　Tabキーや Enterキー、カーソルキーなど一部のキー入力は取得できない
- KeyUpイベント：離されたキーのキーコードを取得する

　この中のKeyPressイベントを使うことで、入力された文字をチェックして、数字やアルファベット以外は入力できないというような入力制限付きのテキストボックスを作成することができます。

　それでは、半角の数字以外は入力できないテキストボックスを作成してみま

しょう。

　まず、ユーザーフォームにテキストボックスを1つ配置し（オブジェクト名は「TextBox1」のまま）、次のKeyPressイベントプロシージャを作成してください。

事例7_4　入力された文字をチェックする
〔7-B.xlsm〕UserForm6

```
Private Sub TextBox1_KeyPress(ByVal KeyAscii As MSForms.
                                    ┗→ ReturnInteger)


    If KeyAscii < Asc(0) Or KeyAscii > Asc(9) Then    ──❶
        KeyAscii = 0                                  ──❷
        MsgBox "数字以外は入力できません"
    End If

End Sub
```

---

　❶は、入力された文字の文字コードが、「0」の文字コードより小さいか、あるいは「9」の文字コードよりも大きい場合は、数字以外の文字が入力されているので、❷でKeyAsciiに「0」をセットして、入力をキャンセルしています。

　〔7-B.xlsm〕の「Sheet6」でマクロを実行すると、テキストボックスに数字しか入力できないことを確認できます。

ONEPOINT **テキストボックスのExitイベント**

　このように、テキストボックスのKeyPressイベントプロシージャで入力されたデータをチェックする手法は非常に一般的ですが、実は、ほかの文字列をあらかじめコピーしておいて、それをペーストすることができてしまうなど、決して万全なデータチェック方法とはいえません。

　そこで、データの整合性は、[OK] ボタンが押されたときのマクロの中でチェックするというのも1つの方法です。ただし、この場合は本来は入力できない文字列がテキストボックスに入力できてしまうので、[OK] ボタンを押したあとでユー

基本的な入力や表示を行うコントロール

ザーをがっかりさせてしまう心配があります（みなさんも、Webサイトなどでそのような経験をお持ちでしょう）。

もしくは、テキストボックスのExitイベントプロシージャで、フォーカスがほかのコントロールに移動するときにデータのチェックを行う方法もあります。

タブオーダーを変更する

ユーザーフォーム上のコントロールは、マウスでクリックしなくても、Tab キーで移動することができます。ここでは、Tab キーの移動順序であるタブオーダーの変更方法について解説します。

ポイント Tab キーや、 Shift ＋ Tab キーでコントロールを選択する

図7-12のユーザーフォームを見てください。

さまざまなコントロールが配置されていますが、このようなユーザーフォームでは、マウスだけでなく、Tab キーや、 Shift ＋ Tab キーでも前後左右のコントロールに移動できたほうが便利です。

この Tab キーによるフォーカスの移動順序のことを「タブオーダー」と呼びますが、このタブオーダーは「上→下」や「左→右」といった視覚的な配置順序ではなく、フォームにコントロールを配置した順序に従って自動的に決定します。

かといって、現実にはタブオーダーのことまで考慮しながらコントロールを配置していくのは至難のわざです。

そこで、まずはコントロールの配置に専念して、あとからタブオーダーを変更するのが通常の作業手順となります。

ここでは、タブオーダーの設定方法を解説します。

250

図7-12

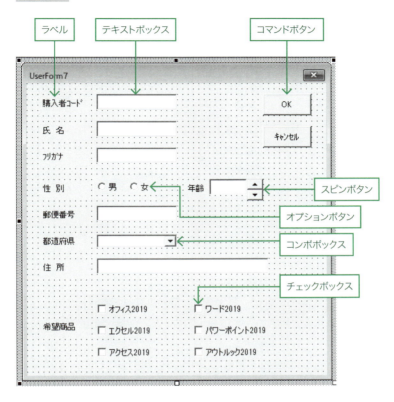

　まず、ユーザーフォームを右クリックしてショートカットメニューを表示し、[タブオーダー] を選択してください。

すると、図7-13の［タブオーダー］ダイアログボックスが開くので、コントロールを選択して、［上に移動］［下に移動］ボタンで、コントロールのタブオーダーをフォーカスが移動する順番に並び替えてください。

図7-13

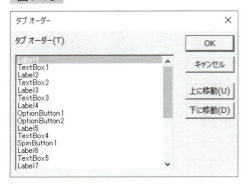

タブオーダーを設定するときには、基本的に、ラベルのようなTabStopプロパティが「False」の非入力系のコントロールについては意識する必要はありません。

では、〔7-B.xlsm〕の「Sheet7」でマクロを実行してタブオーダーが設定されたユーザーフォームを表示したら、Tab キーや、Shift ＋ Tab キーで前後左右のコントロールに移動してみてください。

選択を行うコントロール

☑ チェックボックスの状態を取得する

チェックボックスは、「はい」と「いいえ」や、「オン」と「オフ」などのような、2つの状態を切り替えるときに使います。ここでは、このチェックボックスの状態を取得する方法を紹介します。

ポイント Valueプロパティ

　チェックボックスにチェックマークが付いているかどうかはValueプロパティで取得します。
　Valueプロパティは、チェックマークが付いている状態では「True」、付いていない状態では「False」となります。

図7-14

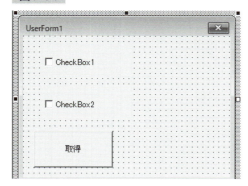

　では、図7-14のように、ユーザーフォームにチェックボックスを2つ、コマンドボタンを1つ配置してください。CheckBox2のCaptionプロパティを「CheckBox2」に、CommandButton1のCaptionプロパティを「取得」に変更します。

そして、次のCommandButton1のClickイベントプロシージャを作成します。

事例7_5　チェックボックスの状態を取得する
〔7-C.xlsm〕UserForm1

```
Private Sub CommandButton1_Click()

    MsgBox "CheckBox1の状態 : " & CheckBox1.Value & _
        vbCrLf & _
        "CheckBox2の状態 : " & CheckBox2.Value

End Sub
```

〔7-C.xlsm〕の「Sheet1」でマクロを実行すると、図7-15のようにチェックボックスの状態を取得できることが確認できます。

図7-15

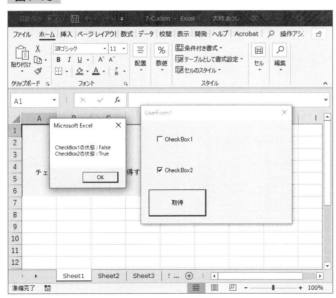

ONEPOINT **トグルボタンの状態の取得**

　コントロールの一種である トグルボタン ▥ が押されているかどうかという状態を取得するときにも、チェックボックスと同じように Valueプロパティ を使います。押されている状態では「True」、押されていない状態では「False」になります。

　このトグルボタンは、ボタンが浮き出ているか、へこんでいるかで2つの状態を表すコントロールで、チェックボックスとは単に外観が違うだけで機能的な違いはありません。したがって、チェックボックスさえ理解していれば、その知識でトグルボタンも扱えます。

📑 リストボックスに表示する項目を設定する

リストボックスは、1つのコントロールで複数の選択肢を縦にリスト表示し、1つあるいは複数の項目をリストの中から選択することができます。リストの項目が多い場合は、スクロールバーが自動的に表示され、スクロールして項目を表示させます。

ポイント RowSourceプロパティ

　リストボックスのリストとして表示する項目は、[プロパティ] ウィンドウから設定できますし、マクロの中で設定することもできます。マクロの中で設定するAddItemメソッドについては、p.265の「コンボボックスの項目の追加や削除をマクロで行う」で解説するので、ここでは [プロパティ] ウィンドウで設定する方法を身につけましょう。

　リストボックスのリストとして表示する項目は、[プロパティ] ウィンドウの RowSourceプロパティ に、あらかじめシートのセル範囲を表す文字列を指定すれば設定が可能です。

　まずは、図7-16のようにワークシートにリストの形式でデータを作成しておきます。

選択を行うコントロール

図7-16

次に、ユーザーフォームにリストボックスを配置し、[プロパティ] ウィンドウで、図7-17のようにリストボックスのRowSourceプロパティにリストの選択項目として表示したいセル範囲を指定します。図7-17では、RowSourceプロパティに「Sheet2!A3:A15」と指定しています。

図7-17

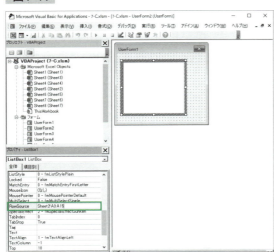

〔7-C.xlsm〕の「Sheet2」でマクロを実行すると、図7-18のように選択項目が13件のリストボックスが表示されます。

図7-18

ONEPOINT **リストボックスに複数列のデータを表示する**

いま解説したのは、ワークシートにあらかじめ作成しておいたリスト形式のデータから1列だけをリストボックスに表示する方法です。

では、リストボックスに複数列を表示したいときにはどうしたらよいのでしょう。

複数列のデータを表示するときには、リストボックスのプロパティを次のように設定してください。

オブジェクト名	プロパティ	値
ListBox1	ColumnCount	3
	ColumnWidth	70;20;20
	RowSource	Sheet2!A3:C15

このように、RowSourceプロパティの指定範囲を広げた上で(ここではC列まで広げています)、ColumnCountプロパティで列数を指定します。

また、複数列の場合は、ColumnWidthプロパティで各列の幅をポイント単位で

セミコロン（;）で区切って設定します。

図7-19

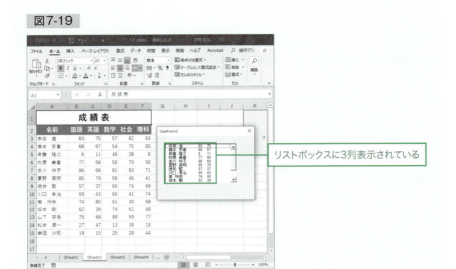

リストボックスに3列表示されている

リストボックスで選択されている項目を取得する

リストボックスは、当然ながら選択されている項目を取得できなければ使う意味がありません。リストボックスで選択されている項目を取得するテクニックを解説します。

ポイント ListIndexプロパティ、Textプロパティ

リストボックスで選択されている行は、ListIndexプロパティで取得できます。

このプロパティは、1行目が選択されている場合は「0」、2行目が選択されている場合は「1」というように、値が「0」から始まるので、選択されている行より「1」小さい値が代入されます。

また、行が選択されていない場合は「-1」を返します。

そして、Textプロパティで選択されている行の項目の値を取得することができます。

事例7_6 リストボックスで選択されている項目を取得する
〔7-C.xlsm〕UserForm3

```
Private Sub CommandButton1_Click()

    With ListBox1

        If .ListIndex = -1 Then
            MsgBox "選択されていません"
        Else
            MsgBox "選択されている行：" & .ListIndex + 1 & _
                vbCrLf & _
                "Textプロパティ：" & .Text
        End If

    End With

End Sub
```

図7-20

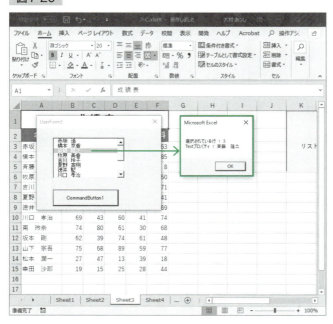

〔7-C.xlsm〕の「Sheet3」でマクロを実行すると、図7-20のように選択されている項目の行番号と名前がメッセージボックスに表示されます。
また、なにも選択せずに「CommandButton1」をクリックすると、メッセージボックスには「選択されていません」と表示されます。

リストボックスで任意の行をリストの先頭に表示する

たとえば、都道府県を選択するリストボックスで、並び順としては中央くらいにある「東京都」をリストの先頭に表示する、といったことも可能です。

ポイント TopIndexプロパティ

リストボックスのTopIndexプロパティを使うと、任意の行がリストの先頭に表示されるようにリストボックスをスクロールさせることができます。

図7-21は、〔7-C.xlsm〕の「UserForm2」をもとに、p.257のONEPOINTで解説した手法でデータを3列表示しているリストボックスです。

図7-21

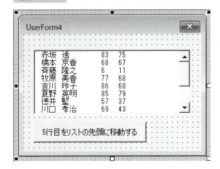

では、5行目がリストの先頭に移動するマクロを作成してみましょう。
気をつけなければいけないのは、行番号は「0」から始まるので、5行目をリストの先頭に設定する場合は「4」を指定するという点です。

事例7_7　リストボックスで任意の行をリストの先頭に表示する
〔7-C.xlsm〕UserForm4

```
Private Sub CommandButton1_Click()

    ListBox1.TopIndex = 4

End Sub
```

〔7-C.xlsm〕の「Sheet4」に表示されるユーザーフォームでコマンドボタンをクリックすると、リストボックスの5行目の「吉川　玲子」がリストの先頭に表示されることを確認してください。

　なお、リストの行数がリストボックスの高さよりも少ない場合は、リストボックスにスクロールバーが表示されませんので、結果的にTopIndexプロパティも機能しません。この点は注意してください。

リストボックスで複数行を選択可能にする

都道府県を選択するリストボックスなら選択肢は1つですが、チェックボックスのように複数の選択肢を選択できるようにリストボックスを使うこともできます。

ポイント MultiSelectプロパティ、Selectedプロパティ

　リストボックスのMultiSelectプロパティを、「fmMultiSelectMulti」、あるいは「fmMultiSelectExtended」に設定すると、リストボックスで複数の行が選択できるようになります。

図7-22

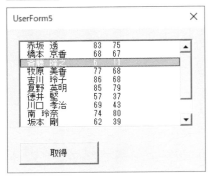

MultiSelect = fmMultiSelectSingle の場合（既定値）

1行だけしか選択できない通常のリストボックス。一度リストから行を選択すると、マウスやキーボードでどの行も選択されていない状態へ戻すことはできない

図7-23

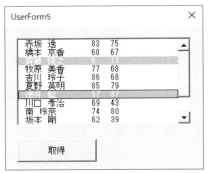

MultiSelect = fmMultiSelectMulti の場合

複数行を選択できるリストボックス。行の選択を解除するためには、行にフォーカスがある状態で再びクリックするか、Space キーを押す

図7-24

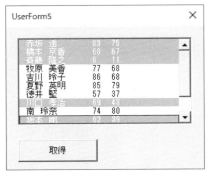

MultiSelect=fmMultiSelectExtended の場合

複数行を選択できるリストボックス。Shift キーを押しながらマウスでクリックしたりカーソルキーを押すと、現在選択されている行から連続した行を選択することができる。また、Ctrl キーを押しながらクリックすると、離れた行を同時に選択できる。行の選択を解除するためには、選択されている行を Ctrl キーを押しながらクリックする

MultiSelectプロパティを使って複数行を選択可能に設定した場合、Valueプロパティや Textプロパティの値は常に「Null」となり、選択されている項目を取得できなくなりますので、選択されている行は Selectedプロパティを使って取得します。
　また、ListIndexプロパティには、フォーカスがある行の行番号が保持されるようになります。

　Selectedプロパティは、指定された行が選択されているかどうかを示すBoolean型の値を返します。また、このプロパティを使ってマクロ内で任意の行を選択状態にすることもできますが、通常は「取得」のために使うプロパティです。

　では、〔7-C.xlsm〕の「UserForm4」をもとに、MultiSelectプロパティを「fmMultiSelectMulti」に設定した「UserForm5」と、そのコマンドボタンのClickイベントプロシージャを確認した上で次のマクロを見てください。

事例7_8　リストボックスで複数行を選択可能にする
〔7-C.xlsm〕UserForm5

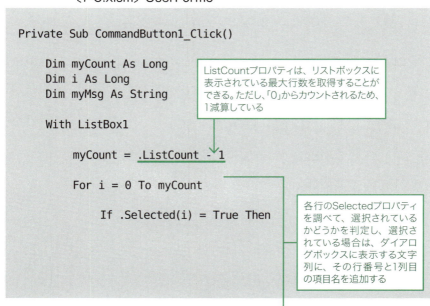

選択を行うコントロール

```
            myMsg = myMsg & i + 1 & " " & _
                .List(i, 0) & vbCrLf
            End If
        Next i
    End With
    MsgBox myMsg
End Sub
```

〔7-C.xlsm〕の「Sheet5」に表示されたユーザーフォームで、リストボックスの「1～3、7、10行目」を選択して［取得］ボタンをクリックしてください。図7-25のメッセージボックスが表示されます。

図7-25

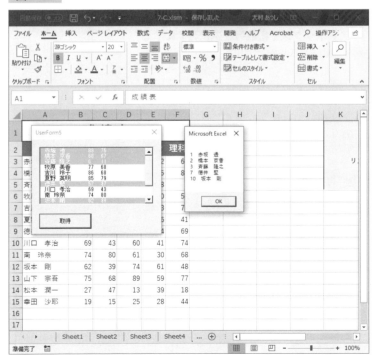

コンボボックスの項目の追加や削除をマクロで行う

コンボボックスは、テキストボックスとリストボックスを組み合わせたコントロールで、直接、値を入力したり、リストから選択することが可能です。ただし、複数の項目を同時に選択することはできません。

ポイント AddItemメソッド、RemoveItemメソッド、Clearメソッド

コンボボックスやリストボックスでは、AddItemメソッドを使って、マクロの実行中にリスト項目を追加することができます。

また、追加した項目は、RemoveItemメソッドで行番号を指定して削除したり、Clearメソッドですべて削除することができます。

図7-26は〔7-C.xlsm〕の「UserForm6」で、コンボボックスが1個とコマンドボタンが3個あります。

図7-26

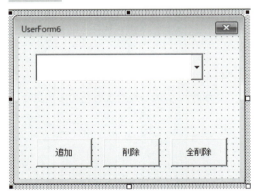

そして、[追加]コマンドボタンはコンボボックスに項目を追加するものです。また、[削除]コマンドボタンはコンボボックスから項目を1つだけ削除するもの、[全削除]コマンドボタンはコンボボックスの項目をすべて削除するものです。

では、それぞれのコマンドボタンのClickイベントプロシージャを見てください。

265

事例7_9　コンボボックスの項目の追加や削除をマクロで行う
　　　　　〔7-C.xlsm〕UserForm6

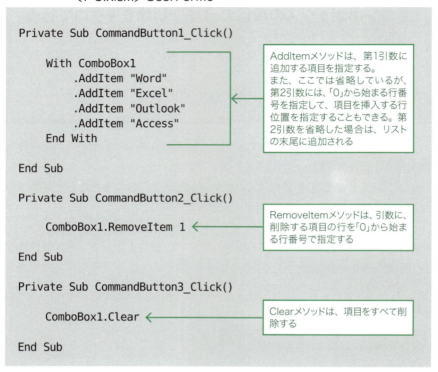

〔7-C.xlsm〕の「Sheet6」に表示されたユーザーフォームで［追加］ボタンをクリックすると、図7-27のようにコンボボックスに入力するための項目が追加されます。

図7-27

　また、［削除］ボタンをクリックすると、図7-28のように第2項目の「Excel」
が削除されます。

図7-28

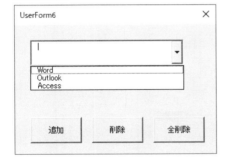

　そして、スクリーンショットは省略しますが、［全削除］ボタンをクリックす
ると、すべての項目がクリアされます。

数値を扱うコントロール

スクロールバーの値の取得と設定を行う

スクロールバーは、テキストボックスやリストボックスなどに表示されるスクロールバーと同じ外観を持ち、スクロールボックスを移動させることによって、任意の範囲の値を設定することができます。

ポイント Valueプロパティ、Maxプロパティ、Minプロパティ

スクロールバーの値の取得と設定は、Valueプロパティを使って行います。また、スクロールバーの値の範囲は、Maxプロパティで最大値を、Minプロパティで最小値を設定します。

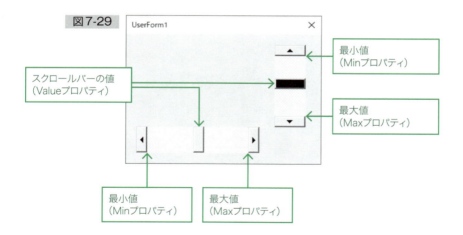

図7-29

図7-29のように、水平スクロールバーの場合は、Minプロパティは左端の位置の値を表し、Maxプロパティは右端の値を表します。垂直スクロールバーの場合は、Minプロパティが上端、Maxプロパティが下端の値を表します。

では、スクロールバーの値をテキストボックスに表示するマクロに挑戦してみましょう。どちらも、使うプロパティはValueプロパティです（テキストボックスはTextプロパティを使ってもかまいません）。

まず、図7-30のようにブックにユーザーフォームを追加し、スクロールバーとテキストボックスを1つずつ配置してください。

図7-30

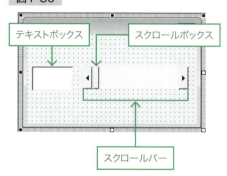

そして、スクロールバーのMaxプロパティを「99」、Minプロパティを「0」に設定します。

さらに、「事例7_10」のように、UserForm1のInitializeイベントプロシージャと、ScrollBar1のChangeイベントプロシージャを作成します。

事例7_10　スクロールバーの値の取得と設定を行う
　　　　　〔7-D.xlsm〕UserForm1

```
Private Sub UserForm_Initialize()

    ScrollBar1.Value = 50

    TextBox1.Value = ScrollBar1.Value

End Sub
```

```
Private Sub ScrollBar1_Change()

    TextBox1.Value = ScrollBar1.Value

End Sub
```

以上で作業は終了です。

〔7-D.xlsm〕の「Sheet1」に表示されたユーザーフォームでは、スクロールバーの値もテキストボックスの値も「50」に設定されていることが確認できますので、実際にスクロールボックスを移動させてみてください。図7-31のように、連動してテキストボックスの値も変わります。

図7-31

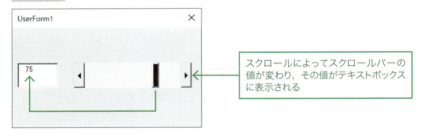

スクロールによってスクロールバーの値が変わり、その値がテキストボックスに表示される

スクロールバーの移動幅を設定する

スクロールバーには、「スクロールボックスを直接移動する」以外に、「両端のボタンで移動する」「両端のボタンとスクロールボックスの間の領域をクリックして移動する」の3種類の移動方法があります。

ポイント LargeChangeプロパティ、SmallChangeプロパティ

スクロールバーのLargeChangeプロパティやSmallChangeプロパティを使うと、スクロールボックスを使わずに、スクロールするときの移動幅を設定することができます。

図7-32

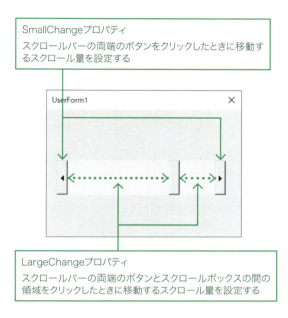

SmallChangeプロパティ
スクロールバーの両端のボタンをクリックしたときに移動するスクロール量を設定する

LargeChangeプロパティ
スクロールバーの両端のボタンとスクロールボックスの間の領域をクリックしたときに移動するスクロール量を設定する

　では、このLargeChangeプロパティとSmallChangeプロパティを実際に設定してみましょう。
　まず、ユーザーフォームに図7-33のようにスクロールバーとラベルを配置し、プロパティと値を表のように設定してください。

図7-33

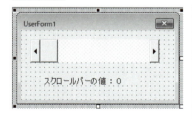

オブジェクト名	プロパティ	値
ScrollBar1	LargeChange	20
	Max	100
	Min	0
	SmallChange	3
	Value	0
Label1	Caption	スクロールバーの値：0

　そして、次のScrollBar1のChangeイベントプロシージャを作成します。

事例7_11　スクロールバーの移動幅を設定する
　　　　〔7-D.xlsm〕UserForm2

```
Private Sub ScrollBar1_Change()

    Label1.Caption = "スクロールバーの値：" & ScrollBar1.Value

End Sub
```

以上で作業は終了です。

〔7-D.xlsm〕の「Sheet2」に表示されたユーザーフォームでは、図7-34のようにスクロールバーを移動させると、ラベルに表示される値が「23」になることが確認できます。

図7-34

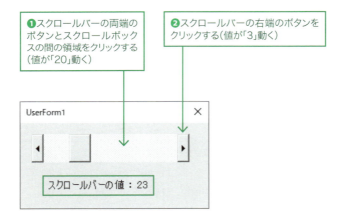

Part

8

Excel以外のファイルを
自在に操る

外部ファイルの操作
テクニック

Part 8 で身につけること

　Part 8では主に、「テキストファイルとExcelの連携」について解説します。
　扱うファイルがExcelブックではありませんので、正直なところ、難易度は若干上がります。しかし、Excelというアプリケーション自体が、もともとテキストファイルを扱えるように作られていますので、手も足も出ないというほど難しいわけではありません。
　むしろ、戸惑いよりも、「Excel VBAはこんなことまでできるのか」という発見や喜びのほうが大きいと思います。

　さて、みなさんは、データをテキストファイルで受け取る機会はありますか。もしあるのであれば、「Excelで読み込めるから」と、なんの工夫もなしにそのテキストファイルを開いて、ワークシートに展開しているということはありませんか。
　これはある会社で実際にあったケースなのですが、「Excelでテキストファイルを扱う効率的な方法」をマスターしたら、それまで3時間かかっていた作業が5分で済むようになったそうです。
　さらには、その「効率的な方法」をVBAでマクロにしたら、作業時間が30秒になったそうです。
　そして、そのような例は枚挙にいとまがありません。
　Part 8を読めば、3時間の作業を30秒に短縮することも不可能ではないということです。

Excelブックを開いてテキストファイルを読み込む

　テキストファイルの読み込み方法には2種類あります。
　1つは、「テキストファイルをExcelブックのように開く」方法です。多くの人が、CSV形式のテキストファイルをExcelで開いた経験をお持ちでしょう。
　そして、「Excelでできることは、基本的にすべてVBAでもできる」わけですから、VBAでも同様の方法でテキストファイルを開くことができます。

まずは、この方法をマスターしましょう。

ちなみに、カギを握るのは次の3つです。

❶ 数値データの扱い
❷ 必要なデータのみを取り込む
❸ CSV形式ではないテキストファイルを取り込む

Part 8では、こうした点についても解説していきます。

Excelブックを開かずにテキストファイルを読み込む（書き込む）

そして次に、Excelブックを開くことなく、テキストファイルを読み込んだり、ワークシートの内容をテキストファイルに書き込む方法を解説します。
ここまでくると、もはや「Excel VBA」というよりも、「VBA」という独立したプログラミング言語を扱っているといってもいいでしょう。

となると、このレベルに到達した人は、「ユーザー」から「開発者」に変貌をとげるといっても過言ではないかもしれません。
プログラミングには若干のコツが必要になりますが、丁寧に解説しますので、身構えることなくゆったりと学習してください。

Excelに用意されているダイアログボックスと外部ファイルの操作

Part 8では、テキストファイルについて学ぶのは第2節（➡p.286～）と第3節（➡p.300～）で、第1節（➡p.276～）ではExcelに用意されているダイアログボックスを活用する方法について解説します。
Excelには250以上の組み込みダイアログボックスが用意されていますので、第1節の内容を理解すると、プログラミングの幅が大きく広がります。
そして、第4節（➡p.315～）では、外部ファイルを検索するなどの「外部ファイルの操作」について説明します。

フォルダーとダイアログボックスを操作するテクニック

Excelの組み込みダイアログボックスを開く

Excelには、バージョンによって異なりますが、[ファイルを開く][名前を付けて保存][ページ設定]など、250以上の組み込みダイアログボックスがあります。マクロでそれらを開いてみましょう。

ポイント Dialogsプロパティ

マクロ記録は操作の結果しか記録しませんので、ダイアログボックスでどのような設定を行ったのかは記録されますが、「ダイアログボックスを開く」という操作自体は記録されません。

しかし、Excelに組み込まれている膨大なダイアログボックスは、Dialogsプロパティを使えばVBAからでも開くことができます。

たとえば、図8-1のステートメントを実行すると、Excelの[ファイルを開く]ダイアログボックスが表示されます。

図8-1

そして、VBAで表示されたダイアログボックスでも、手作業でこのダイアログボックスを開いたときとまったく同様の操作をすることが可能です。

ちなみに、

```
Application.Dialogs(xlDialogSaveAs).Show
```

を実行すると、[名前を付けて保存] ダイアログボックスが開き、

```
Application.Dialogs(xlDialogPageSetup).Show
```

を実行すると、[ページ設定] ダイアログボックスが開きます。

Excel VBAでは、250種類を超える組み込みダイアログボックスが利用できますが、各ダイアログボックスに対応する定数を調べるときには、オンラインヘルプの「XlBuiltInDialog」を参照してください。

初期値を変更して [印刷] ダイアログボックスを開く

Excelの組み込みダイアログボックスをVBAで開くときには、ダイアログボックス内の項目の初期値を変更して表示することができます。これは、手作業ではできないVBAならではのテクニックです。

ポイント Show メソッドの引数 「Arg」

Show メソッドには、「Arg」という引数名で、さまざまな引数を指定することができます。この引数に値を指定すると、ダイアログボックスは初期値が変更されて表示されます。ここが、VBAがユーザー操作よりも優れている点です。

たとえば、初期値を変更して、[印刷範囲] を 「3」 ページから 「5」 ページまで、という設定値で [印刷] ダイアログボックスを表示するステートメントは、図8-2のようになります。

図8-2

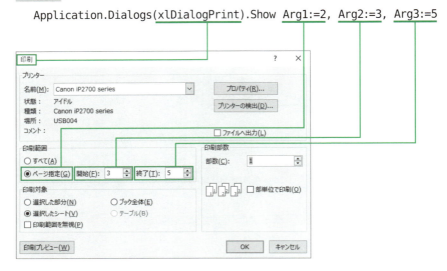

引数「Arg」は、「Arg1」〜「Arg30」まで、最大30個指定できます。

この引数の個数は、ダイアログボックスによって異なります。たとえば［印刷］ダイアログボックス（Dialogs(xlDialogPrint)）なら、「Arg1」〜「Arg15」まで15個の引数が指定できます。

ONEPOINT Showメソッドの戻り値

Showメソッドは、組み込みダイアログボックスでユーザーが［OK］ボタンをクリックすると「True」を返し、［キャンセル］ボタンをクリックすると「False」を返します。

ブックを選択するダイアログボックスを開く

Dialogsプロパティで［ファイルを開く］ダイアログボックスを開き、ユーザーがファイルを開いても、マクロがそのファイル名を取得することはできません。その対処法を説明します。

ポイント　GetOpenFilenameメソッド

先ほど解説したとおり、

```
Application.Dialogs(組み込み定数).Show
```

というステートメントを使えば、250種類を超える組み込みダイアログボックスを開くことができます。そして、ダイアログボックスで設定した情報は、そのままExcelにも反映されます。

しかし、このステートメントには1つ大きな欠点があります。たとえば、

```
Application.Dialogs(xlDialogOpen).Show
```

で、［ファイルを開く］ダイアログボックスでユーザーがファイルを開いても、マクロがそのファイル名を取得することができないのです。

そこで、ユーザーが［ファイルを開く］ダイアログボックスで選択したファイル名を取得して、マクロの中で利用する方法を紹介します。

Excel VBAには、GetOpenFilenameメソッドというコマンドがあります。このメソッドも［ファイルを開く］ダイアログボックスを表示するものですが、ユーザーがダイアログボックスで［開く］ボタンをクリックすると、戻り値として選択したファイル名を返してくれます。

ただし、ファイル名を返すだけで、ファイルは開きません。したがって、その戻り値を変数に代入して、ファイルを開くコードを別途記述する必要がありますが、この方法を使えば、ユーザーが選択したブックをマクロで開くことが可能になります。

次のマクロは、Excelブック（*.xlsx、*.xlsm）のみを選択できるダイアログボックスを表示し、選択したブックを開くものです。

事例8_1　ブックを選択するダイアログボックスを開く
〔8-A.xlsm〕Module1

```
Sub 事例8_1()
    Dim myFName As Variant
```

```
    myFName = Application.GetOpenFilename( _
        FileFilter:="Excelブック(*.xlsx;*.xlsm),*.xlsx;*.xlsm")

    If myFName <> False Then
        Workbooks.Open Filename:=myFName
    End If
End Sub
```

〔8-A.xlsm〕の「Sheet1」でマクロを実行すると、図8-3のように[ファイルを開く]ダイアログボックスが表示されるので、実際にファイルを開いてみてください。

図8-3

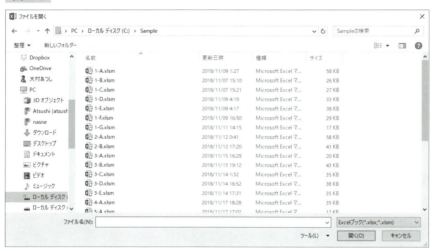

ONEPOINT GetOpenFilenameメソッドの特徴

GetOpenFilenameメソッドで[ファイルを開く]ダイアログボックスを開いたときには、ファイル名が空白のままでは[開く]ボタンをクリックできません。

また、存在しないファイルを指定して[開く]ボタンをクリックすると、エラーメッセージが表示されます（図8-4）。

図8-4

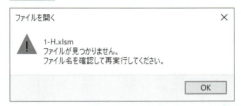

つまり、ユーザーが指定したファイルが存在するかどうかをマクロの中でチェックする必要がないこともGetOpenFilenameメソッドの大きな特徴です。

ONEPOINT **ダイアログボックスで選択したブックを開くメソッド**

GetOpenFilenameメソッドは、ブックのパスと名前を取得するだけで、実際にブックを開くわけではありません。

ブックを開くときには、そのブック名を引数にOpenメソッドを使わなければなりません。

しかし、FindFileメソッドを次のように使用すると、[ファイルを開く] ダイアログボックスが表示されて、選択したブックを開くことができます。

```
Application.FindFile
```

イミディエイトウィンドウで実行するとわかりますが、このステートメントを実行して、ダイアログボックスでファイルを選択して [開く] ボタンをクリックするだけでブックが開きます。

また、[キャンセル] ボタンを押してもなにも起きませんので、押されるボタンによって条件判断をする必要もありません。

そうであるなら、FindFileメソッドを最初から使えばよいように思えますが、FindFileメソッドではダイアログボックスに表示する「ファイルの種類（拡張子）」が指定できません。

ですから、ファイルの種類を指定したいときにはGetOpenFilenameメソッド、その必要がないときにはFindFileメソッドと、使い分けるのがよいかもしれませんね。

> ## ブックを保存するダイアログボックスを開く
>
> ブックを開くダイアログボックス、すなわち［ファイルを開く］ダイアログボックスの次は、［名前を付けて保存］ダイアログボックスについて学習しましょう。
>
> ポイント GetSaveAsFilenameメソッド

［ファイルを開く］ダイアログボックスを表示するGetOpenFilenameメソッドと対になるのが、［名前を付けて保存］ダイアログボックスを表示するGetSaveAsFilenameメソッドです（図8-5）。

図8-5

```
myFName = Application.GetSaveAsFilename(, "すべてのファイル(*.*),*.*")
```

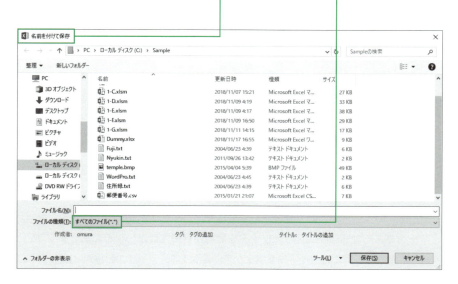

GetSaveAsFilenameメソッドも、ユーザーがダイアログボックスで指定したファイル名を戻り値として返します。しかし、[保存] ボタンをクリックしてもファイルは保存されません。

　したがって、プログラミング的には、取得したファイル名をSaveAsメソッドに引き渡してファイルを保存することになります。

事例8_2　ブックを保存するダイアログボックスを開く
〔8-A.xlsm〕Module1

```
Sub 事例8_2()
    Dim myFName As Variant
    
    myFName = Application.GetSaveAsFilename(, 
                                "すべてのファイル(*.*),*.*")
    
    If myFName <> False Then
        ActiveWorkbook.SaveAs Filename:=myFName
    End If
End Sub
```

　〔8-A.xlsm〕の「Sheet2」でマクロを実行すると、[名前を付けて保存] ダイアログボックスが表示されるので、実際にファイルを保存してみてください。

フォルダーを選択するダイアログボックスを開く

ここまでは「ブックを開く」「ブックを保存する」と、ブックに関するダイアログボックスを取り上げてきましたが、ここでは「フォルダー」を選択するダイアログボックスを開く方法を解説します。

 FileDialogプロパティ、SelectedItemsプロパティ

　フォルダーを選択するダイアログボックスを表示するには、引数に「msoFileDialogFolderPicker」を指定してFileDialogプロパティを使用します。

　そして、Showメソッドでダイアログボックスを表示します。このとき、[OK] ボタンを押すと「True」が、[キャンセル] ボタンを押すと「False」が戻り値になります。

フォルダーとダイアログボックスを操作するテクニック

　また、選択したフォルダーのパスを取得するには、SelectedItems プロパティに格納されている配列の最初の値を取得します。

　次のマクロは、選択したフォルダーをカレントフォルダーにするものです。

事例8_3　フォルダーを選択するダイアログボックスを開く
　　　　〔8-A.xlsm〕Module1

```
Sub 事例8_3()

    With Application.FileDialog(msoFileDialogFolderPicker)

        .Title = "フォルダー選択"

        If .Show = True Then
            ChDrive .SelectedItems(1)
            ChDir .SelectedItems(1)
        End If
    End With

End Sub
```

　〔8-A.xlsm〕の「Sheet3」でマクロを実行すると、図8-6の［フォルダー選択］ダイアログボックスが表示されます。

284

図8-6

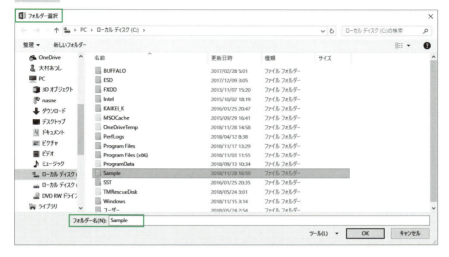

　この図では、「C:¥Sample」フォルダーを選択していますので、[OK] ボタンをクリックすると、「C:¥Sample」がカレントフォルダーになります。

　念のために補足しておくと、「現時点でのファイル操作の基準となっているドライブ」のことを「カレントドライブ」と呼び、「現時点でのファイル操作の基準となっているフォルダー」のことを「カレントフォルダー」と呼びます。
　そして、「事例8_3」のマクロでは、ChDriveステートメントでカレントドライブを、ChDirステートメントでカレントフォルダーを変更しています。

　「事例8_3」のマクロを実行すると、カレントフォルダーが自分が選択したフォルダーに変更されます。

ONEPOINT　カレントフォルダーを取得する

　カレントフォルダーを取得するときには、次のようにCurDir関数を使用します。

```
MsgBox "カレントフォルダー:" & CurDir
```

テキストファイルを操作する
テクニック

テキストファイルを手動で開く

テキストファイルを手動で開くときには「テキストファイルウィザード」というダイアログボックスが表示されます。この「テキストファイルウィザード」を理解していれば、そのままVBAにも応用が効きます。

ポイント　「テキストファイルウィザード」を理解する

　基本的な話ですが、「データベース」は「フィールド」と「レコード」から構成されます。顧客データベースであれば、顧客コード・顧客名・住所・電話番号などがフィールドで、1件1件の顧客データがレコードです。

　見慣れたExcelのワークシートに置き換えると、各列に縦方向に入力された情報がフィールドで、各行に横方向に入力された情報がレコードということになります（図8-7）。

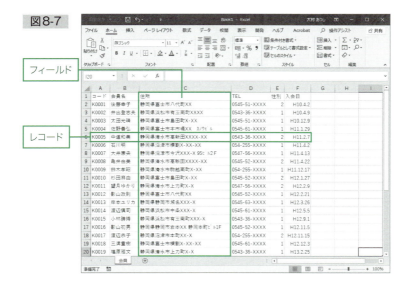

図8-7　フィールド／レコード

286

そして、このルールはそっくりそのままテキストファイルにも当てはまります。

テキストファイルの内容をデータベースと認識するためには、やはりフィールドという縦方向の区切りが必要です。この区切り方によって、テキストファイルは次の2種類に分類されます。

区切り文字で各データが区切られた「区切り文字形式」

タブ、セミコロン（;）、カンマ（,）、スペースなどの文字で各データが区切られているテキストファイルです。図8-8では、各データがカンマで区切られています。

図8-8

```
コード,会員名,住所,TEL,性別,入会日
K0001,後藤幸子,静岡県富士市八代町XX,0545-51-XXXX,2,H10.04.02
K0002,井出登志夫,静岡県浜松市有玉南町XXXX,0543-36-XXXX,1,H10.04.09
K0003,太田光晴,静岡県富士市島田町X-XX,0545-51-XXXX,1,H10.12.09
K0004,佐野善弘,静岡県富士市本市場XX　カノウビル,0545-61-XXXX,1,H11.01.29
K0005,中道和美,静岡県清水市高新田XXXX-XX,0543-36-XXXX,2,H11.02.07
```

各列ごとにデータサイズが統一された「固定長フィールド形式」

もう1つは、図8-9のように各列（フィールド）ごとにデータサイズが統一された形式です。この形式では、各列のデータサイズが等しいわけですから、結果的に列全体（レコード）ごとのサイズも当然等しくなります。

図8-9

コード	会員名	住所	TEL	性別	特典
K0001	後藤幸子	静岡県富士市八代町	0545-51-XXXX	女性	あり
K0002	井出登志夫	静岡県浜松市有玉南町	0543-36-XXXX	男性	なし
K0003	太田光晴	静岡県富士市島田町	0545-51-XXXX	男性	あり
K0004	佐野善弘	静岡県富士市本市場	0545-61-XXXX	男性	あり
K0005	中道和美	静岡県清水市高新田	0543-36-XXXX	女性	あり

ただし、現在は「区切り文字形式」、とくに、カンマ（,）で区切られた「CSV（Comma Separated Values）形式のテキストファイル」が完全に主流で（しかもCSV形式はExcelの既定のファイル形式にもなっています）、「固定長フィールド形式」を扱う機会は皆無といっても過言ではないので、本書では固定長フィールド形式ファイルは取り上げません。

テキストファイルウィザードで手作業で開く

それでは、Excelでテキストファイルを手作業で開く手順を見てみましょう。開くファイルはCSV形式です。

この程度のことは承知しているという人には退屈な説明になってしまいますが、実は、テキストファイルを手作業で開くことができれば、それをマクロにするのはとても容易なことなのです。

では、Excelの［ファイルを開く］ダイアログボックスでサンプルファイルの「会員.txt」を開いてください。

すると、テキストファイルウィザードが表示されます。

図8-10

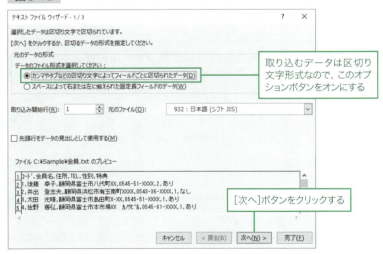

図8-11

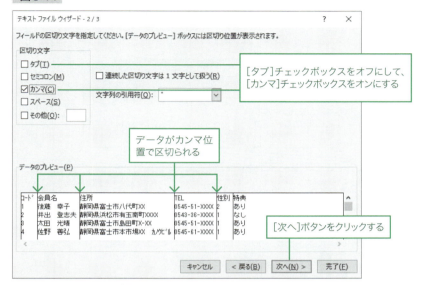

図8-12

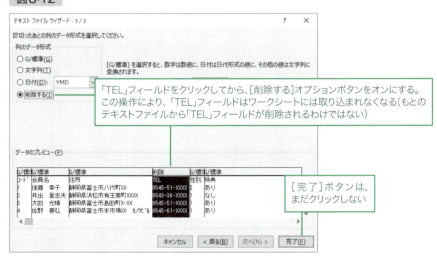

テキストファイルを操作するテクニック

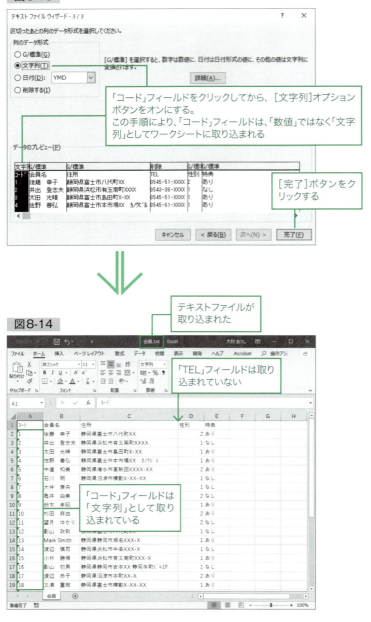

(ONEPOINT) **スマートタグの削除**

Excelでは、数字を文字列として取り込むと、スマートタグが貼り付けられ、セルの左上に緑の三角マークが表示されます。

このスマートタグを削除する方法を紹介します。

図8-15

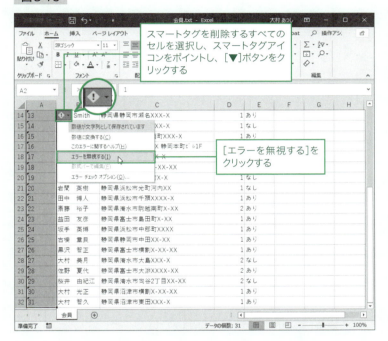

これで、「コード」フィールドのスマートタグが削除されます。

カンマ区切り（CSV形式）のテキストファイルを開く

前項では、「区切り文字形式」のテキストファイルの定番ともいうべき「CSV形式」のテキストファイルを手動で開きましたが、ここではまったく同じ処理をマクロで実現します。

ポイント OpenTextメソッドの引数DataTypeに「xlDelimited」を指定する

VBAでテキストファイルを開くときにはOpenTextメソッドを使います。

OpenTextメソッドは、前項で紹介したテキストファイルウィザードの情報がそのまま引数となります。

では、OpenTextメソッドを使ってCSV形式のファイルを開くマクロを見てみましょう。

事例8_4 カンマ区切り（CSV形式）のテキストファイルを開く
〔8-B.xlsm〕Module1

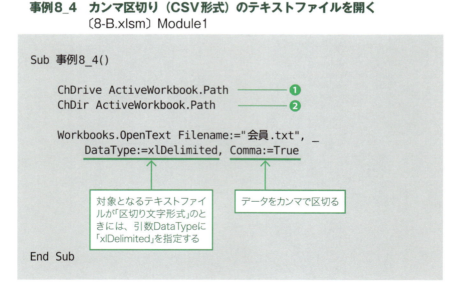

❶と❷で使用しているPathプロパティは、指定したオブジェクトがある場所（フォルダー）を返すものです。

そして、❶でカレントドライブを、❷でカレントフォルダーをアクティブブックがある場所に変更しているので、〔8-B.xlsm〕と「会員.txt」が同じフォルダーにあれば、このマクロでエラーは発生しません。これは、以降のマクロも同様です。

> ONEPOINT **引数DataTypeは必ず指定する**
>
> OpenTextメソッドの引数DataTypeの既定値は「xlDelimited」です。したがって、「DataType:=xlDelimited」の部分はそっくり省略できますが、この引数は対象となるテキストファイルが「区切り文字形式」であることを明示する大切なキーワードですから、絶対に省略しないでください。

〔8-B.xlsm〕の「Sheet1」でマクロを実行すると、図8-16のように「会員.txt」がExcelのワークシートに取り込まれます。

図8-16

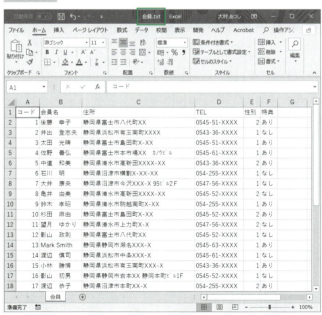

テキストファイルを操作するテクニック

ONEPOINT **データが「引用符」で囲まれているテキストファイル**

ファイルによっては、データがシングルクォーテーション（'）やダブルクォーテーション（"）などの「引用符」で囲まれていることがあります。

（"）で囲まれているときには問題ありませんが、（'）で囲まれているときには、OpenTextメソッドの引数TextQualifierに「xlTextQualifierSingleQuote」を指定してください。

また、データが引用符で囲まれているときに引数TextQualifierに「xlTextQualifierNone」を指定すると、（'）や（"）の引用符もデータとして取り込まれます。

いずれにせよ、引数TextQualifierは、データが（"）で囲まれているとき、もしくは引用符で囲まれていないときには省略可能です。したがって、データが（'）で囲まれている場合を除けば、通常は意識する必要はありません。

数値データを文字列として取り込む

テキストファイルの読み込みで多くの人の頭を悩ませるのが、「001」の先頭の「0」が削除されたり「1-1」が日付に変換されてしまう問題ですが、テキストファイルウィザードを理解していれば対処できます。

ポイント **OpenTextメソッドの引数FieldInfoに「Array(1, 2)」と指定する**

サンプルファイルの「会員2.txt」をメモ帳で見ると、図8-17のように「コード」の先頭に「0」が付いています。

294

図8-17

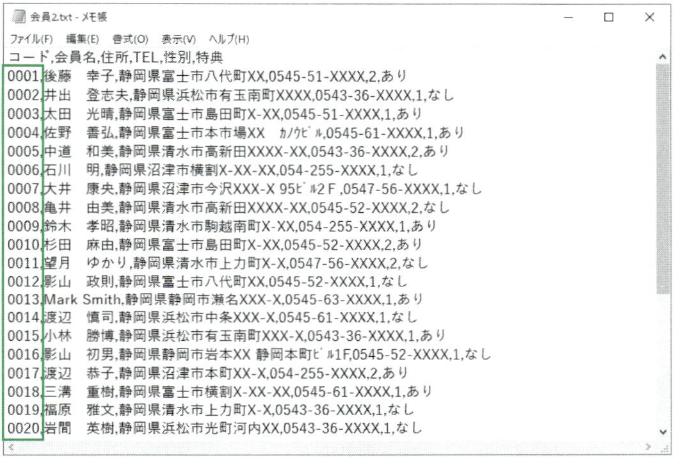

```
会員2.txt - メモ帳                                          □  ×
ファイル(F) 編集(E) 書式(O) 表示(V) ヘルプ(H)
コード,会員名,住所,TEL,性別,特典
0001,後藤　幸子,静岡県富士市八代町XX,0545-51-XXXX,2,あり
0002,井出　登志夫,静岡県浜松市有玉南町XXXX,0543-36-XXXX,1,なし
0003,太田　光晴,静岡県富士市島田町X-XX,0545-51-XXXX,1,あり
0004,佐野　善弘,静岡県富士市本市場XX　ｶﾉｸﾋﾞ ,0545-61-XXXX,1,あり
0005,中道　和美,静岡県清水市高新田XXXX-XX,0543-36-XXXX,2,あり
0006,石川　明,静岡県沼津市横割X-XX-XX,054-255-XXXX,1,なし
0007,大井　康央,静岡県沼津市今沢XXX-X 95ﾋﾞ ﾙ2Ｆ,0547-56-XXXX,1,なし
0008,亀井　由美,静岡県清水市高新田XXXX-XX,0545-52-XXXX,2,なし
0009,鈴木　孝昭,静岡県清水市駒越南町X-XX,054-255-XXXX,1,あり
0010,杉田　麻由,静岡県富士市島田町X-XX,0545-52-XXXX,2,あり
0011,望月　ゆかり,静岡県清水市上力町X-X,0547-56-XXXX,2,なし
0012,影山　政則,静岡県富士市八代町XX,0545-52-XXXX,1,なし
0013,Mark Smith,静岡県静岡市瀬名XXX-X,0545-63-XXXX,1,あり
0014,渡辺　慎司,静岡県浜松市中条XXX-X,0545-61-XXXX,1,なし
0015,小林　勝博,静岡県浜松市有玉南町XXX-X,0543-36-XXXX,1,あり
0016,影山　初男,静岡県静岡市岩本XX 静岡本町ﾋﾞ ﾙ1F,0545-52-XXXX,1,なし
0017,渡辺　恭子,静岡県沼津市本町XX-X,054-255-XXXX,2,あり
0018,三溝　重樹,静岡県富士市横割X-XX-XX,0545-61-XXXX,1,あり
0019,福原　雅文,静岡県清水市上力町X-X,0543-36-XXXX,1,なし
0020,岩間　英樹,静岡県浜松市光町河内XX,0543-36-XXXX,1,なし
```

　これらの数値データは、いわゆる「演算用の数値」ではなく、あくまでも「数字を使った文字列」です。

　しかし、このテキストファイルを前項のマクロ「事例8_4」で取り込むと、数値と判断されて、本来は必要な先頭の「0」が削除されてしまいます。

　このような問題を回避して、「0005」や「0027」などのデータを「文字列」として取り込むためには、OpenTextメソッドに引数FieldInfoを指定します。

　次のマクロを実行すると、「コード」のデータは「文字列」として取り込まれます。

事例8_5　数値データを文字列として取り込む
〔8-B.xlsm〕Module1

```
Sub 事例8_5()

    ChDrive ActiveWorkbook.Path
    ChDir ActiveWorkbook.Path

    Workbooks.OpenText Filename:="会員2.txt", _
        DataType:=xlDelimited, Comma:=True, _
        FieldInfo:=Array(Array(1, 2), Array(2, 1), Array(3, 1), _
```

文字列　　　標準　　　標準

〔8-B.xlsm〕の「Sheet2」でマクロを実行すると、図8-18のように「コード」が文字列として取り込まれ、先頭の「0」は削除されません。

図8-18

「文字列」と認識されるため、頭の「0」が取り込まれ、コードが左寄りに表示される

なお、スマートタグを削除する方法はp.291を参照してください。

さて、引数FieldInfoのArray関数では、1番目の要素が列番号を表し、2番目の要素が変換方法を表します。

```
FieldInfo:=Array(Array(1, 2), Array(2, 1),
                                    ↳ Array(3, 2),……
```

列番号　変換方法

2番目の要素に指定する数値（組み込み定数）と変換方法の関係は次のとおりです。

数値	組み込み定数	変換方法
1	xlGeneralFormat	一般（標準）
2	xlTextFormat	テキスト（文字列）
3	xlMDYFormat	MDY（月日年）形式の日付
4	xlDMYFormat	DMY（日月年）形式の日付
5	xlYMDFormat	YMD（年月日）形式の日付
6	xlMYDFormat	MYD（月年日）形式の日付
7	xlDYMFormat	DYM（日年月）形式の日付
8	xlYDMFormat	YDM（年日月）形式の日付
9	xlSkipColumn	スキップ列（その列は削除）
10	xlEMDFormat	EMD（台湾年月日）形式の日付

ONEPOINT　引数 FieldInfo の省略

　p.292のマクロ「事例8_4」のように、全フィールドを「文字列」や「日付」などではなく、そのまま「G/標準」で取り込むときには、引数FieldInfoそのものをそっくり省略することができます。

　したがって、次のように引数FieldInfoのArray関数の2番目の要素にすべて「1（「G/標準」）」を指定するステートメントではなく、このようなケースでは引数FieldInfoは省略するようにしてください。

```
FieldInfo:=Array(Array(1, 1), Array(2, 1), Array(3, 1), _
    Array(4, 1), Array(5, 1), Array(6, 1), _
    Array(7, 1), Array(8, 1))
```

Array関数の2番目の要素にすべて「1」を指定した無駄なステートメント

テキストファイルを操作するテクニック

> ## 必要な列のデータのみを読み込む
>
> 前項では、OpenTextメソッドの引数FieldInfoに「Array(1, 2)」と指定して、「数値データを文字列として取り込む」方法を解説しましたが、ほぼ同様の方法で必要な列のデータのみを読み込むことができます。
>
> （ポイント）OpenTextメソッドの引数FieldInfoに
>   「Array(1, 9)」と指定する

OpenTextメソッドの引数FieldInfoを理解すると、テキストファイルから必要な列のデータのみを読み込むことができるようになります。

具体的には、引数FieldInfoに指定するArray関数の2番目の要素に「Array (4, 9)」のように「9」を指定すると、その列（ここでは4列目）はExcelには取り込まれません。

この手法を使えば、必要な列のデータのみを読み込むことができます。

次のマクロは、前項で使用した「会員2.txt」の中から「コード」「会員名」「TEL」のみを取り込むものです。

事例8_6　必要な列のデータのみを読み込む
　　　　　〔8-B.xlsm〕Module1

```
Sub 事例8_6()

    ChDrive ActiveWorkbook.Path
    ChDir ActiveWorkbook.Path

    Workbooks.OpenText Filename:="会員2.txt", _
        DataType:=xlDelimited, Comma:=True, _
        FieldInfo:=Array(Array(1, 2), Array(2, 1), Array(3, 9), _

                         文字列        標準        削除

            Array(4, 1), Array(5, 9), Array(6, 9))

                標準        削除        削除

End Sub
```

298

〔8-B.xlsm〕の「Sheet3」でマクロを実行すると、図8-19のように「コード」「会員名」「TEL」のみがワークシートに展開されます。

図8-19

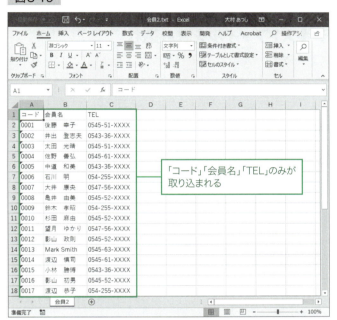

「コード」「会員名」「TEL」のみが取り込まれる

ONEPOINT **テキストファイルはOpenメソッドで開いてはいけない**

実は、テキストファイルは、次のようにOpenメソッドでも開くことができます。

```
Workbooks.Open Filename:="C:¥会員.txt", Format:=2
```

しかし、より柔軟な指定ができるOpenTextメソッドを常に使うように心がけましょう。なによりも、OpenTextメソッドを使っていれば、開く対象のファイルがテキストファイルであることが誰の目にも明らかになります。

ブックを開かずにテキストファイルの入出力を行うテクニック

CSV形式のテキストファイルを読み込む

ここまで読み進めてきたみなさんは、すでに「開発者」と称してもいいレベルのVBAの知識とアイデアを持っていますが、さらに踏み込んで、もっと自由自在にテキストファイルを操ってみましょう。

（ポイント）Openステートメント、Input #ステートメント、
EOF関数、Closeステートメント

Excel VBAでは、テキストファイルを新規ブックではなく、すでに開いているブックのワークシートに取り込むこともできます。

たとえば、〔8-C.xlsm〕を開いて、次の「事例8_7」を実行すると、〔8-C.xlsm〕の「会員」シートに、「会員.txt」のデータが転記されます。このとき、OpenTextメソッドを使ったときのように新規ブックが作成されることはありません。

事例8_7　ブックを開かずにテキストファイルを読み込む
　　　　〔8-C.xlsm〕Module1

```
Option Base 1

Sub 事例8_7()
    Dim myTxtFile As String
    Dim myBuf(6) As String
    Dim i As Long, j As Long

    myTxtFile = ActiveWorkbook.Path & "¥会員.txt"


    Worksheets("会員").Activate
```

```
        Open myTxtFile For Input As #1                    ———————————— ①


        Do Until EOF(1)
            Input #1, myBuf(1), myBuf(2), myBuf(3), myBuf(4), _
                myBuf(5), myBuf(6)                          ———————— ②

            i = i + 1
            For j = 1 To 6 ———————— ③
                Cells(i, j) = myBuf(j)
            Next j
        Loop


        Close #1                    ———————————— ④
    End Sub
```

読み込んだテ
キストファイ
ルのデータを
ワークシート
に展開する

---

① Openステートメントでテキストファイルを開く

　テキストファイルを読み込むさいには、まずそのファイルを開かなければなり
ません。VBAでは、Openステートメントでテキストファイルを開くことがで
きます。

　Openステートメントを使うときには、「モード」を指定します。簡単にいうと、
読み込むために開くのか、書き込むために開くのかを指定するということです。

　①のステートメントの「Input」は、シーケンシャル入力モード、つまりその
ファイルを読み込むために開くことを宣言するキーワードです。

ファイルを開くときのモード	キーワード
追加モード	Append
バイナリモード	Binary
入力モード	Input
出力モード	Output
ランダムアクセスモード	Random

301

また、Openステートメントを使うときには、「As #1」のように、開くファイルに対してファイル番号を与えます。そして、マクロの中では、このステートメント以降、このファイル番号を使って、データの読み込みやファイルのクローズを行います。ファイル名を使ってデータを読み込んだりファイルを閉じるわけではありませんので注意してください。

なお、Openステートメントは、ブックを開くOpenメソッドとはまったくの別ものですので、この点も注意してください。

(ONEPOINT) **カレントフォルダーのテキストファイルを開く**

先のマクロ「事例8_7」では、アクティブブックが保存されているフォルダーの中の「会員.txt」を操作の対象としていますが、次のステートメントのように絶対パスを省略すると、カレントフォルダーのファイルが対象となります。

```
Open "会員.txt" For Input As #1
```

---

❷ **Input #ステートメントでデータを読み込む**

ファイルを開いたら、次はInput #ステートメントでデータを読み込みます。

Input #ステートメントは、カンマ区切りまでを1データと識別します。また、行の終わりのキャリッジリターン（Chr(13)＝文字コードが「13」）、もしくは改行コード（Chr(13)＋Chr(10)）もデータの区切りとして識別します。

❷のステートメントでは、「会員.txt」の各レコードのデータ数が6列ですから、6要素の配列変数に各データを格納しています。

また、配列の下限を「0」ではなく「1」にするために、Option Base 1ステートメントをモジュールの冒頭（マクロの前）で使っています。

Part
8

Excel以外のファイルを自在に操る[外部ファイルの操作]テクニック

ONEPOINT　記号は取り込まれない

Input #ステートメントは、データを囲むダブルクォーテーション（"）、データを区切るカンマ（,）、また、行の終わりのキャリッジリターン（Chr(13)）や改行コード（Chr(13)＋Chr(10)）をデータとして取り込むことはないので安心してください。

❸　データをセルに展開する

Input #ステートメントでレコードを順次読み込んでファイルの末尾に達すると、EOF関数は「True」を返します。

したがって、先の「事例8_7」では、EOF関数が「True」を返すまでセルへの転記処理をループしています。

なお、「EOF(1)」の「1」は、Openステートメント実行時に割り当てられたファイル番号です。

❹　Closeステートメントでファイルを閉じる

処理が済んだら、Closeステートメントでそのファイルを閉じます。また、Closeステートメントが実行されると、そのファイルに割り当てられていたファイル番号が解放されます。

なお、Closeステートメントと、ブックを閉じるCloseメソッドはまったくの別ものですので注意してください。

303

ブックを開かずにテキストファイルの入出力を行うテクニック

(ONEPOINT) **ファイル番号の重複を避ける**

1つのマクロの中で複数のファイルを扱うさいには、Openステートメント実行時に個々のファイルに「As #2」「As #3」と異なる番号を振らなければなりません。

しかし、この方法ですと、ファイル番号の重複を避けるために気を配らなければならない上、後々のマクロのメンテナンスも煩雑になります。

そこで、こうしたケースでは FreeFile 関数を利用します。使用可能なファイル番号（空き番号）を返すこの関数を使えば、プログラマーは意識することなく、ファイル番号の重複を確実に避けることができます。

FreeFile関数の具体的な使用法は、このあとのサンプルマクロを通してマスターしてください。

(ONEPOINT) **Path プロパティを使うときのコツ**

「事例8_7」のマクロでは、Path プロパティ （→p.300）を使用しています。

```
myTxtFile = ActiveWorkbook.Path & "¥会員.txt"
```

Pathプロパティは、指定したオブジェクトがある場所（フォルダー）を返すものですが、今回のケースであれば、「C:¥Sample」のような文字列を返します。

しかし、フォルダー名とファイル名は「¥」で区切らなければなりません。

結果、上のようにファイル名の前に「¥」を付加したステートメントにすることで、「C:¥Sample¥会員.txt」という文字列が得られます。

ここは間違いやすいので注意してください。

304

Part

8

Excel 以外のファイルを自在に操る[外部ファイルの操作]テクニック

文書形式のテキストファイルを読み込む

前項では、「要素（データ）を1つずつセルに転記する」テクニックを紹介しましたが、これはいわば、データベースをテキストファイルからExcelに移す処理です。ここでは、「文書」をExcelに転記します。

ポイント Line Input #ステートメント、FreeFile関数

次に、データ形式ではない、ワープロのような文書形式のテキストファイルを読み込む方法を解説します。

この場合には、ファイルを1行ずつ読み込むLine Input #ステートメントを使います。このステートメントを使えば、キャリッジリターン（Chr(13)）や改行コード（Chr(13)＋Chr(10)）の直前までのすべての文字列を1データとして読み込むことができます。

ただし、キャリッジリターンと改行コードはデータとして取り込まれません。

Line Input #ステートメントを使ったマクロを示します。

事例8_8　文書形式のテキストファイルを読み込む
〔8-C.xlsm〕Module1

```
Sub 事例8_8()
    Dim myTxtFile As String, myFNo As Long, myBuf As String
    Dim i As Long

    myTxtFile = ActiveWorkbook.Path & "¥コラム.txt"

    Worksheets("コラム").Activate

    myFNo = FreeFile                         ─── ❶
    Open myTxtFile For Input As #myFNo

    Do Until EOF(myFNo)
        Line Input #myFNo, myBuf             ─── ❷
```

305

```
        i = i + 1
        Cells(i, 1) = myBuf         ――❸
    Loop

    Close #myFNo
End Sub
```

❶で、FreeFile関数を使って使用可能なファイル番号を取得しています。

❷で、Line Input #ステートメントを使って、データを1行単位で読み込んで変数「myBuf」に代入しています。
ここで、Input #ステートメントを使わないのがキモです。

そして、❸で、データをワークシートに展開しています。

〔8-C.xlsm〕の「Sheet2」のマクロを実行すると、次のようにワープロのような文書形式のデータがセルに転記されます。

図8-20

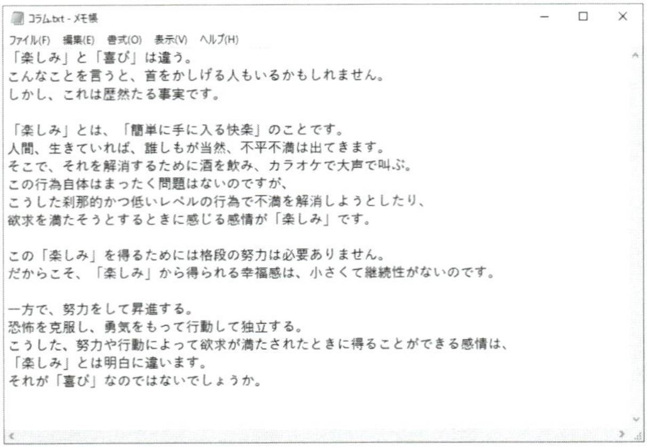
コラム.txt - メモ帳
ファイル(F) 編集(E) 書式(O) 表示(V) ヘルプ(H)
「楽しみ」と「喜び」は違う。
こんなことを言うと、首をかしげる人もいるかもしれません。
しかし、これは歴然たる事実です。

「楽しみ」とは、「簡単に手に入る快楽」のことです。
人間、生きていれば、誰しもが当然、不平不満は出てきます。
そこで、それを解消するために酒を飲み、カラオケで大声で叫ぶ。
この行為自体はまったく問題はないのですが、
こうした刹那的かつ低いレベルの行為で不満を解消しようとしたり、
欲求を満たそうとするときに感じる感情が「楽しみ」です。

この「楽しみ」を得るためには格段の努力は必要ありません。
だからこそ、「楽しみ」から得られる幸福感は、小さくて継続性がないのです。

一方で、努力をして昇進する。
恐怖を克服し、勇気をもって行動して独立する。
こうした、努力や行動によって欲求が満たされたときに得ることができる感情は、
「楽しみ」とは明白に違います。
それが「喜び」なのではないでしょうか。

図8-21

ワークシートの内容をCSV形式で保存する

p.300の「事例8_7」で紹介した、Input #ステートメントでCSV形式のテキストファイルを読み込むテクニックとは逆に、ワークシートの内容をCSV形式で保存する方法を解説します。

(ポイント) Write #ステートメント

Excel VBAでは、SaveAsメソッドでブックをCSV形式で保存できます。

しかし、この場合にはExcelのブック名が変更されてしまうという問題があります。

もっとも、ワークシートを新規ブックにコピーして、その新規ブックをCSV形式で保存すればオリジナルのブック名は変更されませんが、これではスマートな方法とはいえません。

そこで、ここでは、SaveAsメソッドを使わずにワークシートの内容をCSV形式で保存する方法を紹介します。

ブックを開かずにテキストファイルの入出力を行うテクニック

図8-22では、各セルが１つのデータになっています。

図8-22

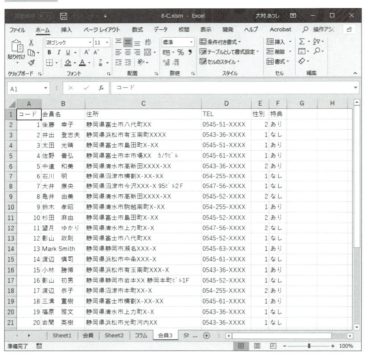

そして、このようなデータをカンマ区切りでテキストファイルに出力するときには、Write #ステートメントを使います。

事例8_9　ワークシートの内容をCSV形式で保存する
〔8-C.xlsm〕Module1

```
Sub 事例8_9()
    Dim myTxtFile As String, myFNo As Long
    Dim myLastRow As Long, i As Long
    
    myTxtFile = ActiveWorkbook.Path & "¥会員3.csv"
    
    Worksheets("会員3").Activate
```

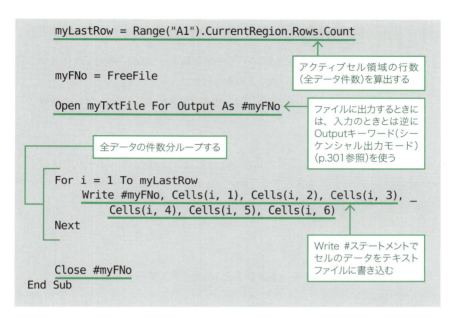

〔8-C.xlsm〕の「Sheet3」でマクロを実行すると、〔8-C.xlsm〕と同じフォルダーに「会員3.csv」というファイルが新規作成されて、図8-23のようにデータが転記されていることが確認できます。

図8-23

ONEPOINT OutputキーワードとAppendキーワード

OpenステートメントにOutputキーワードを指定した場合、そのファイルが存在していればデータは追加ではなく上書きされます。

また、ファイルが存在しない場合には、指定したファイル名でファイルが新規に作成されます。

データを上書きではなく追加したいときには、OutputキーワードではなくAppendキーワードを指定してください。Appendキーワードの場合も、ファイルが存在しないときにはファイルが新規に作成されます。

ONEPOINT Write #ステートメントとInput #ステートメント

Write #ステートメントは、自動的にデータ間にカンマを挿入しますので、結果的に出力されたファイルはCSV形式となります。また、各データはすべてダブルクォーテーション（"）で囲まれて出力されます。

さらに、Write #ステートメントは、各行の最後のデータを出力したあと、改行コード（Chr(13)＋Chr(10)）も自動的に挿入します。

そして、p.302で解説したとおり、このような形式のファイルを読み込むのに適しているのがInput #ステートメントです。つまり、Write #ステートメントとInput #ステートメントは、対になるコマンドなのです。

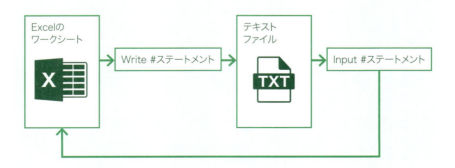

ONEPOINT CSVファイルの特徴

CSVファイルはテキストファイルの一種ですが、Excelで拡張子がCSVのファイルを開いても、「テキストファイルウィザード」は起動しません。

もっとも、フィールド間はカンマで区切られていますので、データ自体はきちんと各セルに割り振られます。

また、VBAで開くときには、次のようにOpenメソッドが使えます。

```
Workbooks.Open Filename:="会員.csv"
```

しかし、CSVファイルをExcelで扱うときには大きな制限があることも事実です。

ユーザー操作でテキストファイルウィザードが起動しないということは、OpenTextメソッドではCSVファイルが開けないことを意味します。

厳密には開けるのですが、列単位で「標準」とか「文字列」といった表示形式を設定することができません。

ちなみに、次のようにCSVファイルに対してOpenTextメソッドを使用すると、Array関数の2番目の要素で「2」を指定している1列目は文字列にはならずに数値で取り込まれ、Array関数の2番目の要素で「9」を指定している3、5、6列目もデータとして取り込まれてしまいます。

```
Workbooks.OpenText Filename:="会員.csv", _
    DataType:=xlDelimited, Comma:=True, _
    FieldInfo:=Array(Array(1, 2), Array(2, 1), Array(3, 9), _
        Array(4, 1), Array(5, 9), Array(6, 9))
```

したがって、列単位で表示形式を細かく設定した上でVBAでCSVファイルを開くさいには、拡張子を「txt」に変更してOpenTextメソッドで開くという裏技が要求されるケースも発生します。

このファイル名の変更は、p.320で紹介するNameステートメントで行うのがよいでしょう。

311

ブックを開かずにテキストファイルの入出力を行うテクニック

ワークシートの内容を文書形式で保存する

ここでは、ワークシートの内容を文書形式でテキストファイルに出力してみましょう。Input #、Line Input #、Write #の各ステートメントを学んだみなさんには難しいテクニックではありません。

ポイント Print #ステートメント

図8-24では、ワークシートが文書形式になっています。

図8-24

このようなワークシートの内容を、カンマで区切ったデータファイルとしてではなく、区切りのない連続した文書形式でテキストファイルに出力するときには、Print #ステートメントを使います。

事例8_10 ワークシートの内容を文書形式で保存する
〔8-C.xlsm〕Module1

```
Sub 事例8_10()
    Dim myTxtFile As String, myFNo As Long
    Dim myLastRow As Long, i As Long
```

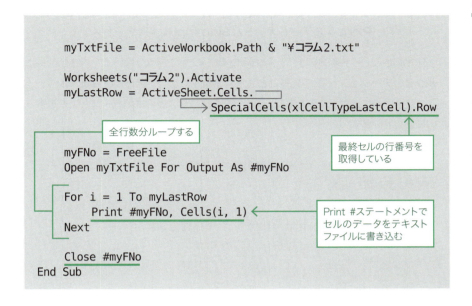

　〔8-C.xlsm〕の「Sheet4」でマクロを実行すると、〔8-C.xlsm〕と同じフォルダーに「コラム2.txt」というファイルが新規作成されて、図8-25のようにデータが転記されていることが確認できます（すでに「コラム2.txt」がある場合には上書きされます）。

図8-25

ONEPOINT Print #ステートメントとLine Input #ステートメント

Print #ステートメントは、データ間に区切り文字を挿入しない上、内容をダブルクォーテーション（"）で囲むこともありません。また、データ項目間のスペースもファイルに出力されますので、ワープロのような文書形式のデータを出力するのに適しています。

つまり、Print #ステートメントで出力されたファイルのデータは、ファイルを1行ずつ読み込むLine Input #ステートメント（→p.305）で読み込めばよいことがわかります。

この2つのステートメントは、対になるコマンドなのです。

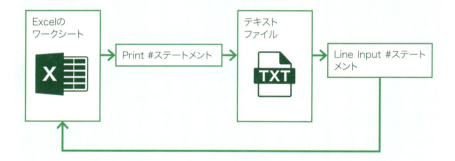

ファイルを操作するステートメントと関数

フォルダー内のファイルを削除する

ここでは、「フォルダー内のファイルを検索して削除する」処理にチャレンジしてみましょう。Excelとは関係のない操作ですので、「これぞVBA」というテクニックを習得してもらいます。

ポイント Dir関数、Killステートメント

業務の過程で一時的に作成したファイルというのは、後生大事に保存しておくものではないので、役割を終えたら削除するのが一般的です。

そこで、そうしたケースを想定して、フォルダー内のファイルを検索して削除する処理をVBAで自動化してみましょう。

フォルダー内のファイルを取得するときにはDir関数を使います。

Dir関数は次の構文で使用します。

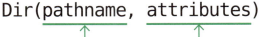

引数attributesの定数と内容は次のとおりです。

定数	値	内容
vbNormal	0	標準ファイル（既定値）
vbReadOnly	1	読み取り専用ファイル
vbHidden	2	隠しファイル
vbSystem	4	システムファイル
vbVolume	8	ボリュームラベル
vbDirectory	16	フォルダー

315

ファイルを操作するステートメントと関数

Dir関数は、引数pathnameで指定したファイル、もしくはフォルダーが存在するときにはその名前を返し、存在しないときには空の文字列（""）を返します。

次の「事例8_11」のマクロでは、サンプルブック〔8-D.xlsm〕と同じフォルダーに「Dir.xlsx」というファイルがあるかどうかを検索して、Dir関数が空の文字列を返さなかったら（つまり「Dir.xlsx」が存在したら）、Killステートメントで削除しています。

事例8_11　フォルダー内のファイルを削除する
　　　　　〔8-D.xlsm〕Module1

```
Sub 事例8_11()
    Dim myPath As String

    myPath = ActiveWorkbook.Path

    If Dir(myPath & "¥Dir.xlsx") <> "" Then ─────❶
        Kill myPath & "¥Dir.xlsx"          ─────❷
    Else
        MsgBox "Dir.xlsxは見つかりません"    ─────❸
    End If

End Sub
```

❶で、〔8-D.xlsm〕と同じフォルダー内で「Dir.xlsx」を検索しています。
❷で、「Dir.xlsx」を削除しています。
❸は、「Dir.xlsx」が存在しない場合の処理です。

〔8-D.xlsm〕の「Sheet1」でマクロを実行して、実際の動作を確認してください。
なお、「Dir.xlsx」が開いた状態でマクロを実行すると、開いているファイルは削除できませんので、マクロがエラーになります。

316

Part

8

Excel以外のファイルを自在に操る[外部ファイルの操作]テクニック

（ONEPOINT）**Killステートメントとワイルドカード文字**

Killステートメントは、複数のファイルを指定するためのアスタリスク（*）や、疑問符（?）のワイルドカード文字が使用できます。

次のステートメントは、カレントフォルダーの拡張子が「txt」のテキストファイルをすべて削除するものです。

```
Kill "*.txt"
```

フォルダー内のファイルを複数検索する

ここも「ファイルの検索」がテーマです。「Dir関数を使うだけでは？」と思うかもしれませんが、ファイルを複数検索するときのDir関数は少し難易度が上がります。

（ポイント）**Dir関数、FileLen関数、FileDateTime関数**

Killステートメント同様に、Dir関数でもアスタリスク（*）や、疑問符（?）のワイルドカード文字が使用できます。そして、指定条件に合致するファイルが複数あるときには、最初に検索できたファイル名を返します。

実は、Dir関数で複数のファイルを検索する場合には、その構文が変わります。かなり癖がありますので、まずはサンプルマクロを見てください。

事例8_12　フォルダー内のファイルを複数検索する
〔8-D.xlsm〕Module1

```
Sub 事例8_12()
    Dim myPath As String
    Dim myFname As String
    Dim i As Long

    Worksheets("ファイル検索").Activate
```

317

ファイルを操作するステートメントと関数

```
    i = 1
    Cells(i, 1).Value = "ファイル名"
    Cells(i, 2).Value = "ファイルサイズ"
    Cells(i, 3).Value = "ファイル作成/修正日付"

    myPath = ActiveWorkbook.Path & "¥"

    myFname = Dir(myPath & "*.xlsm")  ──── ❶

    Do While myFname <> ""  ←
        i = i + 1
        Cells(i, 1).Value = myFname

        Cells(i, 2).Value = FileLen(myPath & myFname) ←

        Cells(i, 3).Value = FileDateTime(myPath & myFname) ←

        myFname = Dir()  ────────  ❷
    Loop
End Sub
```

❷のステートメントが空の文字列を返すまでループする

ファイルのサイズを取得する

ファイルの作成／修正日時を取得する

　このマクロでは、変数「myPath」にはアクティブブックである〔8-D.xlsm〕が保存されているドライブ名とフォルダー名が格納されているため、ファイルの検索はそのフォルダー内で行われます。

　また、フォルダー名を省略すると、カレントフォルダーが対象となります。

　ここで注目してほしいのは、❶と❷のステートメントです。❶では、

```
Dir(myPath & "*.xlsm")
```

と指定して、拡張子「xlsm」の全ファイルを検索しています。しかし、このステートメントによって返されるのは、最初に見つかったExcelブックだけです。

　そこで、2回目以降の検索に移るわけですが、そのときには❷のように、引数を省略して単に、

```
Dir()
```

と記述します。そして、❷のステートメントが空の文字列を返すまで検索処理をループしています。この手法は、フォルダー内のファイルを複数検索するときの標準形として覚えてください。

〔8-D.xlsm〕の「Sheet2」のマクロを実行すると、図8-26のような結果が得られます（これは筆者の環境での実行結果で、みなさんの環境ではファイルの並び順や「ファイル作成/修正日付」などは異なる可能性があります）。

図8-26

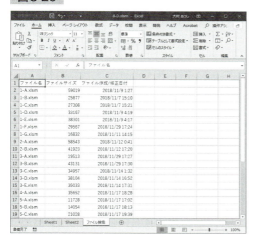

ちなみに、図ではきれいに数値順、アルファベット順に並んでいますが、Dir関数はファイルを文字コード順に検索するわけではありません。したがって、あとからソート処理などが必要になることもあります。

> **ONEPOINT** フォルダーとファイルの操作に関するキーワード一覧
>
> フォルダーとファイルの操作に関するキーワードをまとめて紹介します。なお、ChDriveステートメント、ChDirステートメント、Dir関数、Killステートメント、FileLen関数、FileDateTime関数は除きます。
>
> **CurDir関数**
> 指定したドライブのカレントフォルダーを返します。
> ```
> myPath = CurDir
> ```

SetAttrステートメント

ファイルの属性を設定します。

```
SetAttr "Test.xlsx", vbHidden + vbReadOnly
```

GetAttr関数

ファイルまたはフォルダーの属性を取得します。

```
myAttr = GetAttr("Test.xlsx")
```

FileCopyステートメント

ファイルをコピーします。ファイル名を変えてコピーすることもできます。

```
FileCopy "C:\Temp\Sample.txt", "D:\Sample2.txt"
```

MkDirステートメント

フォルダーを作成します。

```
MkDir "C:\Temp"
```

RmDirステートメント

フォルダーを削除します。指定したフォルダー内にファイルが存在しているとエラーが発生するので、フォルダーを削除する前にKillステートメントですべてのファイルを削除しておかなければなりません。

```
RmDir "C:\Temp"
```

Nameステートメント

ファイルまたはフォルダーの名前を変更します。もしくはファイルを移動します。ファイル名を変更して移動することもできます。ただし、フォルダーの移動はできません。また、ワイルドカード文字も指定できません。なお、現在開いているファイルに対してNameステートメントを実行するとエラーが発生します。

ファイル名を変更して移動する：

```
Name "C:\Temp\Sample.txt" As "D:\Sample2.txt"
```

フォルダー名を変更する ： `Name "C:\Temp" As "C:\Temp3"`

320

Part

9

初中級者を卒業

VBA上級
テクニック

Part 9 で身につけること

本書も、いよいよ最後のPartです。

このPart 9では、「アイデアテクニック」ではなく、「VBAマクロ」を「VBAアプリケーション」の域にまで高めるための「知識」を解説します。

決して難しいわけではないのですが、退屈に感じる人も一定数いると考え、本書の最後のPartに持ってきました。

実際のところ、「VBAマクロ」で事が足りているのであれば、Part 9の「知識」は不要かもしれません。

しかし、あなたの作る「VBAマクロ」が会社で多くの人に使われるとか、業務上なくてはならないものであるということでしたら、それはもはや「VBAマクロ」ではなく「VBAアプリケーション」といってもいいでしょう。

こうしたケースでは、誰が使っても問題が発生することなく、常に正常に動作するものを作らなければなりません。

だからこそ、ぜひともPart 9の「知識」を習得して、あなたの「VBAアプリケーション」を盤石なものにしてください。

サブルーチンでマクロを部品化する

あなたの作るマクロが100ステップを超えてくるようになると、1つのマクロですべての処理を行うことにはきっと無理が出てくるでしょう。

このようなときには、処理単位でマクロを作り、親マクロからそれらの部品マクロ（サブルーチン）を呼び出すようにしたほうがはるかに効率的でスマートです。

第1節（➡p.324～）では、最初にこの「サブルーチン」に関して解説します。

難しいことはなにもありません。むしろ、1つのマクロで無理やり完結させようとするほうが難しいのは明白です。

322

100ステップもあるマクロを作って、そのマクロがいきなり正常に動作する可能性は100分の1もないことを肝に銘じてもらえればと思います。

サブルーチンの上級テクニックである値渡し

第2節（→p.335～）も引き続きサブルーチンの解説になりますが、ここでは「サブルーチンに渡す引数には参照渡しと値渡しの2種類がある」ということを学んでもらいます。

詳細は本編を読んでもらうとして、注目してほしいのは、この参照渡しと値渡しは、多くの人が知らなかったり、もしくは間違えて覚えてしまって、トラブルの原因となっていることです。

マクロが正常に動作せずに、その原因究明に時間を取られることは無駄そのものですし、なによりも多大なストレスがかかります。

そうしたことのないように、第2節で正確な「知識」を身につけてください。

エラー処理

第3節（→p.345～）はエラー処理の解説です。

たとえ完璧なマクロを作っても、ユーザーのほうに原因があってエラーが発生してしまうことがあります。

たとえば、「USBメモリ内のファイルを読み込むマクロなのに、ユーザーがUSBメモリを差し込んでいない」などのケースです。

しかし、だからといって、マクロの実行が強制終了してしまうのでは、スマートなマクロとはいえないでしょう。

言い換えれば、こうしたエラー処理までマクロに組み込めれば、もはやこわいものなしといってもよいのではないでしょうか。

最後の第3節で、このエラー処理についてしっかりと学習しましょう。

引数付きでマクロを呼び出す

引数付きサブルーチンを体験する

長くて複雑なマクロは、プログラミングミスを誘発し、デバッグも煩雑になります。大きなマクロを1つ作成するのではなく、小さなマクロを処理単位に部品化して1つに組み立てる手法を学びましょう。

（ポイント）**引数付きでマクロを呼び出す**

　まずは、サンプルブック〔9-A.xlsm〕の「Sheet1」を表示してください（図9-1）。

　「会員名簿」がありますが、では、ユーザーが「性別順」と「年齢順」にデータを並べ替えたいとします。

　それを念頭にp.325のマクロを見てください。

　「SortMember」は、サブルーチン「RunSort」を呼び出すだけの親マクロです。

　そして、「RunSort」の中で、セルD3（性別）とF3（年齢）を基準にデータを並べ替えています。

　常にこの2つを基準にソートするのであれば、このマクロでなにも問題はありませんし、そもそもサブルーチンにする理由がありません。

　しかし、ユーザーに、「フリガナ（セルC3）や入会日（セルJ3）などの別の基準でデータを並べ替えたい」といわれたらどうでしょう。

　並べ替えたい基準の数だけサブルーチン（子マクロ）を作成しますか。それが非現実的であることはいうまでもありませんね。

```
Sub SortMember()
    RunSort
End Sub

Sub RunSort()
    Range("A1").Sort Key1:=Range("D3"), Order1:=xlAscending, _
        Key2:=Range("F3"), Order2:=xlAscending, Header:=xlGuess
End Sub
```

並べ替えの基準

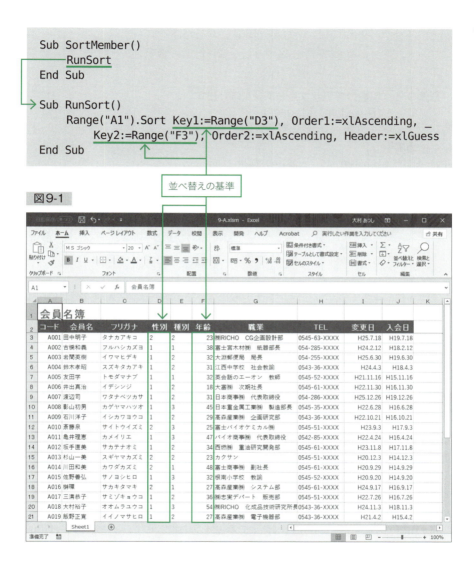

図9-1

　ここで注目してほしいのは、異なるのは「並べ替えの基準だけ」ということです。「並べ替えの基準」さえ指定したら、あとはSortメソッドを実行するだけです。すなわち、並べ替え処理の部分はマクロを1つ作るだけでいい、ということです。

　つまり、ユーザーの要求がその都度変わる「並べ替えの基準」を、「変数に値を代入するように」可変にしてしまえば、サブルーチンの数を増やすことなく、

いろいろな並べ替えの基準でソートが可能になるわけです。
それでは、それを実行しているマクロを紹介しましょう。

事例9_1　引数付きでサブルーチンを呼び出す
〔9-A.xlsm〕Module1

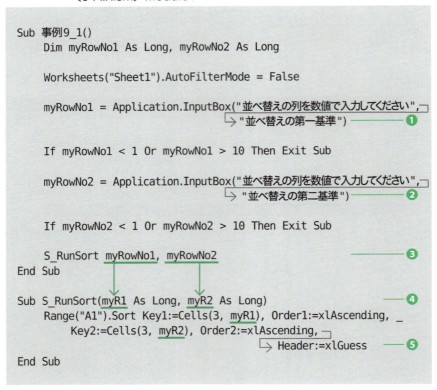

このマクロは、ユーザーが並べ替えの基準を2つ指定して、その順序どおりに会員データを並べ替えるものです。

サンプルブック〔9-A.xlsm〕の「Sheet1」で実行結果を確認してみましょう。
〔9-A.xlsm〕を開いてマクロを実行すると、最初に、［並べ替えの第一基準］ダイアログボックスが表示されますので、「5（種別）」を指定して［OK］ボタンをクリックしてください。次に［並べ替えの第二基準］ダイアログボックスで「4（性別）」を指定して［OK］ボタンをクリックします。

すると、図9-2のように「種別」→「性別」順にデータが並べ替わります。

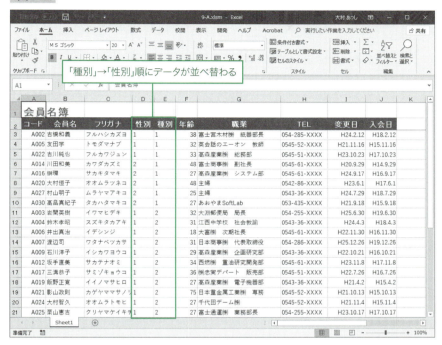

図9-2

では、マクロ「事例9_1」を詳細に見ていくことにしましょう。

まず、親マクロ「事例9_1」ですが、このマクロは、並べ替えの基準としたい列をユーザーに数値で指定させるものです。

❶・❷ 並べ替えの基準の入力を促すダイアログボックスを表示する

ユーザーに並べ替えの第一基準と第二基準を指定させるため、2回ダイアログボックスを表示します。もし、ユーザーがキャンセルを選択したら、Exit Subステートメント（→p.342）によってマクロの実行はその時点で終了します。

また、本来であれば、2回とも同じ列番号を指定するような入力にはエラーとして対応しなければなりませんが、ここでの本題から外れる上にマクロが煩雑に

なるので、そうしたエラーチェックはしていません。

❸ 引数付きでサブルーチンを呼び出す

変数「myRowNo1」と「myRowNo2」には、ユーザーがダイアログボックスで入力した数値が格納されています。そして、その変数を「引数」として付加して、サブルーチン「S_RunSort」を呼び出しています。

この、サブルーチンに引き渡す変数（データ）を「実引数（じつひきすう）」と呼びます。

❹ 親マクロからの引数をサブルーチンが受け取る

次に、呼び出されたサブルーチンですが、親マクロからの引数はタイトル横のカッコの中で受け取ります。

この、サブルーチンが受け取る変数（データ）を「仮引数（かりひきすう）」と呼びます。

この仮引数のあとの「As データ型」は省略することができます。データ型を省略した場合としない場合の相違点についてはp.339で解説します。

Part
9

初中級者を卒業【VBA上級】テクニック

ONEPOINT 引数名は一致する必要はないが、
引数の数とデータ型は一致しなければならない

　みなさんは、なぜマクロのタイトルの横には必ずカッコが必要なのかと考えたこ
とはありませんか。

　このカッコは、今回の事例のように、親マクロからの引数を受け取るためのカッ
コなのです。マクロがサブルーチンでなくても、一見、無意味なカッコを必ず付け
なければならないというのがExcel VBAのルールです。

　また、マクロの開始を意味する「Sub」というキーワードは、実は「サブルーチ
ン（Subroutine)」の略語です。仮に親マクロであっても、ほかのマクロがそのマ
クロを呼んだ途端、そのマクロはサブルーチンとなります。したがって、マクロは
例外なくすべて「Sub」というキーワードで始まるのです（厳密には「Function」
で始まる「ユーザー定義関数」と呼ばれるマクロもありますが、本書では扱いませ
ん)。

　さて、引数について3つ補足します。

　まず、親マクロがサブルーチンを呼び出すときの引数名（実引数）と、呼び出さ
れたサブルーチンが受け取る引数名（仮引数）は同じでなくてもかまいません。

　実際に、「事例9_1」のマクロでは、実引数名は「myRowNo1」と
「myRowNo2」で、サブルーチンの「S_RunSort」の仮引数名は「myR1」と
「myR2」で異なっていますが、むしろ、それぞれ別の引数名を使用するのが慣例
となっています。

　もっとも、実引数と仮引数が同じ名前であってもまったく問題はありません。

　2つ目の補足ですが、親マクロがサブルーチンを呼び出すときの実引数のデータ
型と、呼ばれたサブルーチンがカッコの中で受け取る仮引数のデータ型は一致しな
ければなりません。

　「事例9_1」のマクロでは、どちらもLong型で定義されていますが、試しにサ
ブルーチンの「S_RunSort」の仮引数のデータ型をInteger型に変えて実行して
みてください。実行時エラーが発生します。

329

引数付きでマクロを呼び出す

　3つ目の補足ですが、親マクロがサブルーチンを呼び出すときの実引数の個数と、呼ばれたサブルーチンがカッコの中で受け取る仮引数の個数は一致しなければなりません。たとえば、親マクロが3つの引数をサブルーチンに渡しているのに、サブルーチンがカッコの中で2つの引数しか受け取らないとエラーが発生します。

❺　受け取った引数をサブルーチン内で使う

```
Range("A1").Sort Key1:=Cells(3, myR1), Order1:=xlAscending, _
    Key2:=Cells(3, myR2), Order2:=xlAscending, Header:=xlGuess
```

　以上の❶～❹によって、サブルーチン「S_RunSort」は、値がすでに格納されている2つの変数「myR1」と「myR2」を、Dimステートメントで宣言することなしにマクロ内で利用できます。

　なお、サンプルブック〔9-A.xlsm〕のサブルーチン「S_RunSort」内ではMsgBox関数を2つ付け足しています。この2つのMsgBox関数のコメント行のシングルクォーテーション（'）を消去すれば、実際に親マクロからサブルーチンに値が引き渡されていることがメッセージボックスで確認できます。

Callステートメントでマクロの呼び出しを明示する

サブルーチンは、親マクロの中で「サブルーチンの名前」を書くだけで呼び出すことができますが、この方法ではわかりづらいというユーザーもいます。そうしたときにはCallステートメントを使います。

> **ポイント** Callステートメントでサブルーチンを呼び出す

　マクロの中で、マクロ名を記述してサブルーチンを呼び出すと、それがサブルーチンの名前なのかVBAのキーワードなのかが判別しづらいときがあります。
　p.326の「事例9_1」のマクロでは、「S_RunSort」というサブルーチンを呼び出していますが、サブルーチンの名前の先頭に「S_」と付けるのは、それがサ

ブルーチンの名前であることを示す私の独自ルールのようなもので、VBAの規則ではありません。

　先頭に「S_」と付ければ、それがサブルーチンの名前だとすぐにわかりますし、VBAのキーワードと一致してしまうことも絶対にありませんので、私はこの方法を好んで使いますが、中には抵抗を感じる人もいるでしょう。
　そうしたときに、なにかしらの工夫をしていないと、マクロを見た人が、サブルーチンの名前をVBAのキーワードだと勘違いする可能性もあります。

　こうしたトラブルを予防するためには、サブルーチンをCallステートメントを使って呼び出せばよいでしょう。
　以下は、「事例9_1」のマクロの抜粋をCallステートメントを使って書き換えたものです。

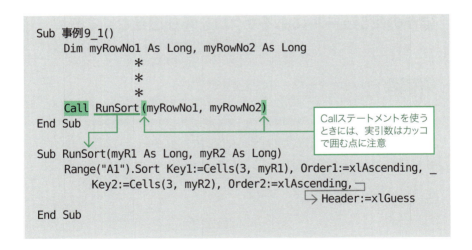

ONEPOINT　Callステートメントと実引数のカッコ

　Callステートメントを使うときに、サブルーチンに引き渡す実引数をカッコで囲まないとコンパイルエラーが発生します。したがって、実引数をカッコで囲み忘れる、というケアレスミスを心配する必要はありません。

　しかし、逆にCallステートメントを使わないのに実引数をカッコで囲んでしまったらどうでしょう。
　この場合、エラーは発生しませんが、p.337で解説する「値渡し」になってしまいます。
　この点はp.340で詳細に解説します。

ほかのモジュールにあるマクロを呼び出せなくする

イベントプロシージャについて解説したp.182でPrivateキーワードが登場しましたが、ここでもう一度、Privateキーワードについておさえましょう。

 Privateキーワードの役割を理解する

　Excel VBAでは、同じブック内であれば、たとえ違うモジュールにあるマクロでも、自由にマクロをサブルーチンとして呼び出すことができます。

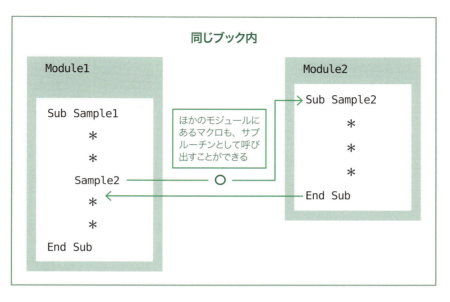

しかし、マクロを、ほかのモジュールのマクロからは呼び出せないようにすることもできます。この場合には、Privateキーワードを使います。

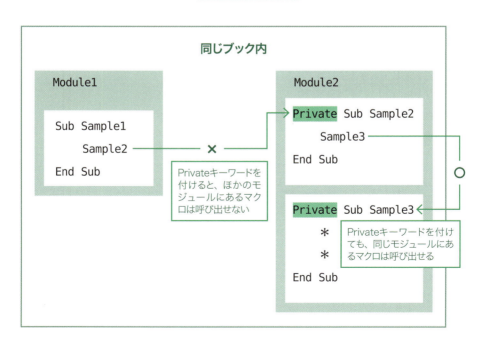

引数付きでマクロを呼び出す

　また、Private キーワードを付けたマクロは、ワークシート上の［フォームコ
ントロール］のボタンや図形オブジェクトなどに登録することはできません。そ
もそも、［マクロの登録］ダイアログボックスにそのマクロが表示されません。
　サブルーチンは基本的にボタンなどに登録するものではないので、サブルーチ
ンに積極的に Private キーワードを付けるのも 1 つのテクニックです。

ONEPOINT **ほかのブックのマクロを呼び出す**

　Excel VBA では、ほかのブックにあるマクロもサブルーチンとして呼び出すこ
とができます。
　しかし、そのようなマクロを開発してしまうと、他人が見たときに確実に混乱し
ますし、作った本人ですら管理できない危険性があります。

　そもそも、モジュールは VBE で簡単にエクスポート／インポートできますし、
マクロをコピー＆ペーストすることもできるわけですから、マクロは 1 つのブック
にまとめて管理すればいい話で、別のブックにマクロを作成するメリットはないと
私は考えます。
　そうした理由から、本書ではほかのブックのマクロを呼び出す方法については解
説しません。次の 2 つの方法でほかのブックのマクロを呼び出せる、ということだ
け言及しておきます。

● 呼び出したいマクロがあるブックを VBE で参照設定する
● Run メソッドを使う

Part
9

初中級者を卒業[VBA上級]テクニック

参照渡しと値渡し

参照渡しで引数を渡す ―ByRefキーワード―

これまでの説明で、サブルーチンを引数付きで呼び出す方法は「すべて理解できた」わけではなく、厳密には「ほぼ理解できた」状況です。ここでさらに踏み込んで解説します。

ポイント **ByRefキーワードを使った参照渡しを理解する**

　マクロ間で引数を渡す方法には2種類あります。
　1つは「参照渡し」で、もう1つは「値渡し」です。
　私たちは通常、無意識のうちに参照渡しでサブルーチンに引数を渡します。しかし、VBAには値渡しという引き渡し方法もあります。
　それでは、両者はどこがどう違うのか、また、それぞれの記述方法について見ていくことにしましょう。

　難しく表現すると、「変数とは取得したプロパティの値や計算結果などを格納しておくためのメモリ領域」のことです。目には見えませんが、変数はメモリ上に実在するのです。
　サブルーチンに渡す引数が常に変数とは限りません。「5」とか「ABC」のような定数や、「1+3」のような式を渡すケースもあります。しかし、通常はやはり変数を引き渡します。
　そして、「参照渡し」とは、呼び出されたマクロが（サブルーチンが）、受け取った変数のメモリ内の格納場所を直接操作することができる引数の引き渡し方法です。

335

参照渡しと値渡し

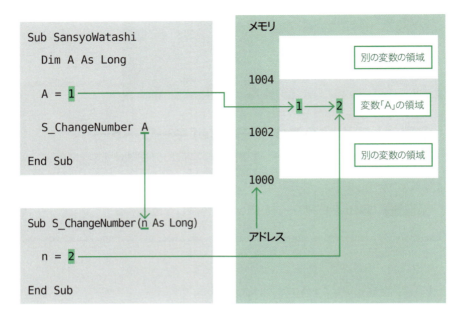

　メモリには、このように番地（アドレス）が振られており、VBAで作成したマクロは、このアドレスでメモリ内の位置を識別します。

　VBAの場合には、サブルーチンのカッコの中でとくにキーワードを指定しなければ、参照渡しで引数が渡ります。これが、私たちがふだん意識せずに参照渡しを使っている理由です。ただし、ByRefキーワードを使って参照渡しであることを明示してもかまいません。

　次のマクロは、参照渡しを体感するためのものです。サブルーチンの中で変数の値を「2」に変更していますので、メッセージボックスには「2」と表示されます（図9-3）。

事例9_2　参照渡しで引数をサブルーチンに渡す
　　　　〔9-B.xlsm〕Module1

```
Sub 事例9_2()
    Dim myNumber As Long

    myNumber = 1
```

336

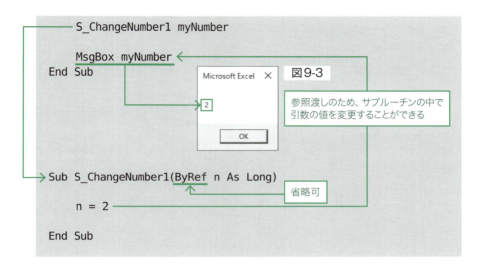

実際に、〔9-B.xlsm〕の「Sheet1」でマクロを実行して確認してください。

値渡しで引数を渡す ―ByValキーワード―

VBAには、引数を受け取ったサブルーチンが引数（変数）の値を書き換えることのできる「参照渡し」のほかに、サブルーチンが引数（変数）の値を書き換えられない「値渡し」という手法があります。

ポイント ByValキーワードを使った値渡しを理解する

　VBAには、変数への参照（変数のアドレス）を渡して、それを受け取ったマクロが（サブルーチンが）、その変数の値を書き換えられる参照渡しのほかに、変数のコピーをマクロに渡す「値渡し」があります。

　値渡しで引数を渡す場合には、サブルーチンのカッコの中でByValキーワードを使います。その場合は、引数を受け取ったマクロは（サブルーチンは）、変数のコピーしか操作できませんので、オリジナルの変数の値を書き換えることはできません。
　また、ByValキーワードは、ByRefキーワードのように省略することはできません。

参照渡しと値渡し

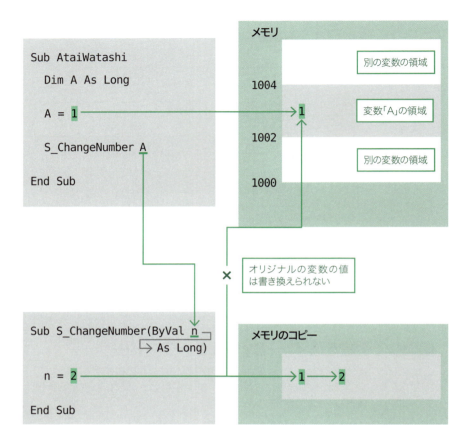

次のマクロは、値渡しを体感するためのものです。サブルーチンの中で変数の値を「2」に変更していますが、値渡しのため、メッセージボックスにはオリジナルの値である「1」が表示されます。

事例9_3　値渡しで引数をサブルーチンに渡す
〔9-B.xlsm〕Module1

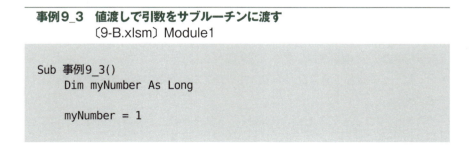

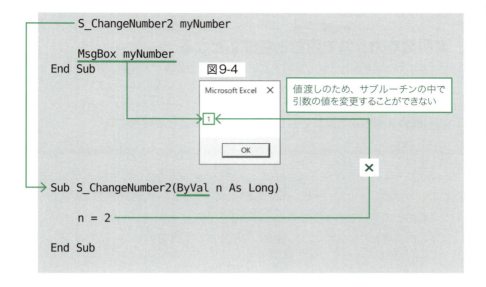

ONEPOINT 引数のデータ型が省略された場合

p.328でも解説したとおり、サブルーチンのカッコ内の「As データ型」は省略可能ですが、その場合どのようなデータ型になるのでしょうか。

結論を述べると、参照渡しのときは、仮引数(サブルーチン)のデータ型を省略したときには、実引数(親マクロ)のデータ型が継承されます。つまり、サブルーチン(子マクロ)のカッコ内の「As データ型」は省略してもよいということになります。

しかし、値渡しのときにサブルーチンのカッコ内の「As データ型」を省略すると、仮引数のデータ型はバリアント型になってしまいます。

以上のことを踏まえると、混乱を避けるためにも、参照渡し、値渡しを問わずに、仮引数(サブルーチン)のデータ型は必ず指定するのが定石といえそうです。

参照渡しと値渡し

実引数をカッコで囲むと値渡しとなる

ここで解説することは、もしかしたらどのVBAの解説書でも説明されていないことかもしれません。ただし、だからといって不要な知識ではありません。むしろ、知らずにいるとヤケドを負う危険性があります。

> **ポイント** 実引数をカッコで囲むと値渡しとなることを理解する

Callステートメントを使う場合には、サブルーチン名のあとの引数はカッコで囲まなければなりません。それでは、Callステートメントを使わずに、サブルーチン名のあとの引数をカッコで囲むとどうなるでしょうか。

実は、この場合には次のように値渡しで引数が渡るのです。

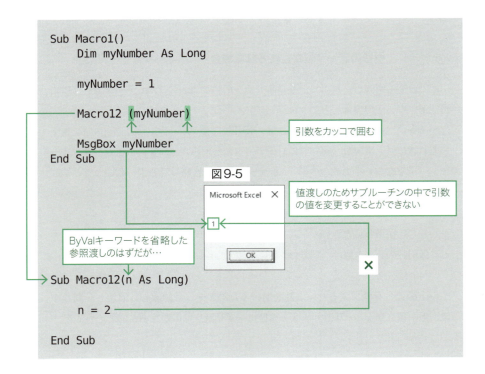

図9-5

「Callステートメントを使わずに、マクロを呼び出すときに実引数をカッコで囲むと値渡しになる」ことを知らないVBAユーザーは少なくないのではないでしょうか。

「引数をカッコで囲んだほうが、なんとなくマクロが読みやすい」などの理由で実引数をカッコで囲みたいのであれば、絶対にCallステートメントを使ってください。

そうしないと、サブルーチンの中で変数の値を変更してもオリジナルの値が変更されないという、理由を知らないと原因の究明が厄介な現象に直面することになります。

いずれにしても、「Callステートメントを使わずに実引数をカッコで囲む」のは裏技でもなんでもありません。こうしたプログラミングはやめて、サブルーチン側でByValキーワードを使うのが正解だと覚えてください。

また、これは自戒の念も込めて述べますが、世の中に多く出回っているVBAの書籍は、「引数とカッコ」の関係についてあまりに無頓着です。

たとえば、次のステートメントを見てください。

```
MsgBox ("こんにちは")
```

確かにこのステートメントは問題なく動きますし、このような記述をしているVBAの解説書はあとを絶ちませんが、このステートメントは「間違い」です。

理由は、この場合のMsgBox関数は「戻り値」がありませんので、「"こんにちは"」をカッコで囲んではいけません。

あくまでも正解は次のステートメントです。

```
MsgBox "こんにちは"
```

「たかがカッコ」と思いがちですが、VBAの場合はカッコは極めて大きな意味を持ちます。

みなさんは、VBAに関してはもはや中上級者です。そして、VBAもこのレベルまでくると、「動くから別にいい」と、無頓着に無意味なカッコを使うことは

絶対に避けてください。

　そうした心構えでは、ステップ数の多い「VBAアプリケーション」を作るようになると、マクロが正常に動作しない原因がわからずにパニックに陥ること必至です。

　ぜひとも正しい知識を身につけてください。

マクロを強制終了する

サブルーチンの解説の最後として、避けては通れない2つのステートメントを紹介します。Exit SubステートメントとEndステートメントですが、両者の違いを正確に理解してください。

`ポイント` **Exit Subステートメント、Endステートメント**

　マクロを強制終了するときには、Exit SubステートメントかEndステートメントを使います。

　単独のマクロ内で使用するときには、両者の相違点はありません（厳密には若干違うのですが、それはp.344のONEPOINTに譲ります）。したがって、どちらのステートメントでマクロを強制終了してもかまいません。

　しかし、サブルーチン内で使用するときには、その機能が大いに異なりますので注意を要します。

　サブルーチン内で（子マクロ内で）Exit Subステートメントでマクロの実行を強制終了したときには、親マクロに制御が戻ります。そして、サブルーチンを呼び出した位置の次のステートメントから実行が再開されます。

　一方、サブルーチン内で（子マクロ内で）Endステートメントでマクロの実行を強制終了したときには、親マクロには制御が戻りません。つまり、その時点でマクロの実行は完全に終了します。

　次の図を見て、両者の違いを正確に理解してください。

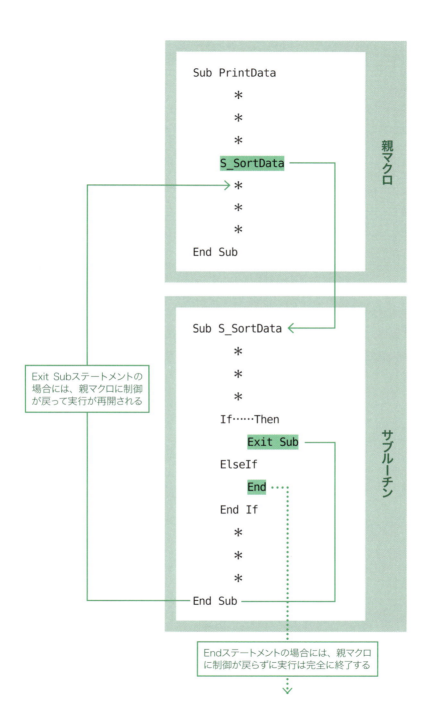

参照渡しと値渡し

(ONEPOINT) **Endステートメントのもう1つの機能**

　Endステートメントには、マクロの実行を完全に終了する機能のほかに、もう1つ、「すべての変数を初期化する」という機能もあります。

　マクロ内で宣言されたマクロレベル変数は、Endステートメントによってマクロの実行が終了しますので、当然、マクロレベル変数も初期化されますが、宣言セクションで宣言されたモジュールレベル変数やパブリック変数もEndステートメントによって初期化されます。

　つまり、モジュールレベル変数やパブリック変数を使用しているときに、うかつにEndステートメントを使うと、保持されるべき値が初期化されてしまうため、マクロが予期しない動作をすることがあるのです。

　そうはいっても、たった1つのステートメントですべての変数が初期化できることを便利だと感じることもあるでしょう。

　ですから、Endステートメントを使うときには、すべての変数が初期化されるという点に留意して、それを理解した上で使用するようにしてください。

344

エラーを適切に処理する

「エラーのトラップ」でエラーが発生した場合に備える

エラーには防げないものがあります。たとえば、リムーバブルディスクのファイルを検索するマクロを実行したときに、リムーバブルディスクが用意されていない、などの場合です。その対処法を学びましょう。

ポイント エラーのトラップを理解する

どんなに精度の高いマクロを作成しても防げないエラーがあります。

リムーバブルディスクのファイルを検索するマクロを想像してください。マクロを実行したときに、もしリムーバブルディスクが用意されていなければ、そのマクロは実行時エラーとともに強制終了してしまいます。

しかし、このエラーはユーザーの意識の問題で、VBAでは回避できません。このように、エラーの発生そのものが回避できないときには、あらかじめエラーが発生した場合を想定してマクロを開発する必要があります。

発生したエラーに適切に対処することを「エラーのトラップ」と呼びます。

それでは、エラーをトラップするためのステートメントを順に紹介していきましょう。

On Error GoToステートメント

On Error GoToステートメントは、エラーが発生したら、エラー処理ルーチンに分岐するステートメントです。

事例9_4　On Error GoToステートメントのサンプル
〔9-C.xlsm〕Module1

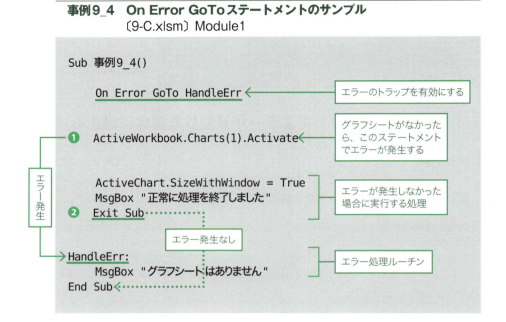

　サンプルブック〔9-C.xlsm〕の「Sheet1」でマクロを実行すると、グラフシートがありませんので、「グラフシートはありません」とエラーメッセージが表示されます。
　これはマクロが表示しているメッセージで、実行時エラーが発生しているわけではありません。

　On Error GoToステートメントは、エラーの発生が予測されるステートメントよりも必ず前に記述しておきます。そうしないと、エラーのトラップが有効になりません。
　そして、On Error GoToステートメントの引数には、エラー処理の分岐先を指定します。
　引数には行番号も指定できますが、通常は「行ラベル」を指定します。「事例9_4」のマクロでは、❶のステートメントでエラーが発生したら、行ラベル「HandleErr」に処理が分岐します。行ラベルは、

```
HandleErr:
```

のように、任意の文字列にコロン（:）を付けて宣言します。

　なお、エラー発生時の処理の分岐先を「エラー処理ルーチン」と呼びますが、エラー処理ルーチンは必ずマクロの最後に記述するように心がけましょう。

　また、エラーが発生しなかったときにエラー処理ルーチンを実行してしまわないように、エラー処理ルーチンの直前には、❷のように必ずExit Subステートメントを記述して、マクロを抜けることを忘れてはいけません。

On Error Resume Nextステートメント

　On Error Resume Nextステートメントは、エラーが発生しても、実行を中断せずに次のステートメントを実行するためのコマンドです。

事例9_5　On Error Resume Nextステートメントのサンプル
〔9-C.xlsm〕Module1

```
Sub 事例9_5()
    Dim myRange As Range
    Dim myPrompt As String, myTitle As String

    Worksheets("Sheet2").Activate
    Cells.Clear

    myPrompt = "選択されたセル範囲に「VBA」と入力します" & vbCr & _
        "セル範囲はマウスで選択してください"
    myTitle = "セル範囲入力"

    On Error Resume Next

    Set myRange = Application.InputBox(Prompt:=myPrompt, _
        Title:=myTitle, Type:=8)

    If myRange Is Nothing Then Exit Sub

    myRange.Value = "VBA"
End Sub
```

❶ Set myRange = Application.InputBox(Prompt:=myPrompt, ...

❷ If myRange Is Nothing Then Exit Sub

エラーのトラップを有効にする

ダイアログボックスで[キャンセル]ボタンを選択すると、このステートメントはエラーになる

前のステートメントで[キャンセル]ボタンが選択されたかどうかを判断する

347

サンプルブック〔9-C.xlsm〕の「Sheet2」でマクロを実行すると、ダイアログボックスが表示されます。
ここでは、ダイアログボックスに文字を入力するのではなく、図9-6のようにマウスでセル範囲を選択します。

図9-6

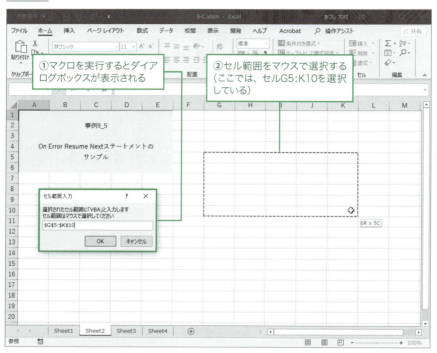

セル範囲の選択が終わったら、ダイアログボックスの［OK］ボタンを押すと、図9-7のように指定したセル範囲に文字が入力されます。

図9-7

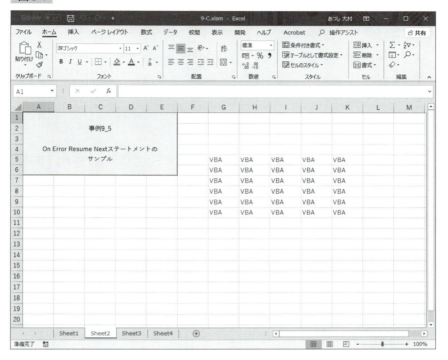

　一方、[キャンセル]ボタンが押された場合には、なにも処理は実行されません。

　「事例9_5」のマクロで、ダイアログボックスで[キャンセル]ボタンが選択されると、「myRange」というオブジェクト型変数に「False」というBoolean型の値が代入されるため、❶でデータ型の不一致によるエラーが発生します。
　そこで、あらかじめOn Error Resume Nextステートメントを記述して、エラーが発生しても無視して次のステートメントを実行する命令を与えておきます。

　そして、❷で変数「myRange」の値を調べて、「Nothing」の場合にはオブジェクトの参照が代入されていない、つまりダイアログボックスで[キャンセル]ボタンが選択されたことを意味しますので、Exit Subステートメントでマクロを抜けています。

なお、On Error Resume Nextステートメントは、そのマクロ内でのみ有効です。すなわち、そのマクロが終了したら、On Error Resume Nextステートメントは無効になります。

モジュール内にあるほかのマクロにまで影響するわけではありませんので注意してください。

ONEPOINT InputBoxメソッドの引数のType

InputBoxメソッドの引数のTypeで指定できるデータ型は、次に挙げる7種類です。

意味	値（Type:=）
数式	0
数値	1
文字列（テキスト）	2
論理値（TrueまたはFalse）	4
セル参照（Rangeオブジェクト）	8
#N/Aなどのエラー値	16
数値配列	64

この中で、よほど特殊なマクロでない限り使用するデータ型は次の3つでしょう。

❶ 数値（Type:=1）

「印刷部数」など、ダイアログボックスの中のテキストボックスに数値を入力します（図9-8）。

図9-8

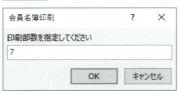

このケースでは、InputBoxメソッドの戻り値は「数値」ですので、Setステートメントは使用せずに、次のように数値型の変数に値を代入します。

```
Dim myCopy As Long
myCopy = Application.InputBox(Prompt:=myPrompt, _
    Title:=myTitle, Type:=1)
```

なお、数値以外の値を入力すると図9-9のようにVBAが自動的にエラーメッセージを表示するので、マクロの中で数値かどうかを判断する必要はありません。

図9-9

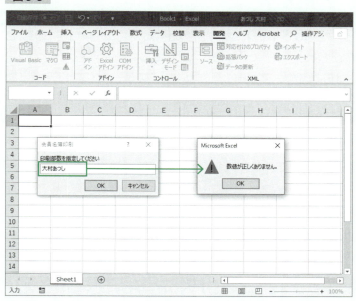

❷文字列（Type:=2）

ダイアログボックスの中のテキストボックスに文字列を入力します。InputBoxメソッドの戻り値は「String」になるので、Setステートメントは使わずに、次のように戻り値を文字列型変数に代入します。

```
Dim myText As String
myText = Application.InputBox(Prompt:=myPrompt, _
    Title:=myTitle, Type:=2)
```

なお、データ型の指定を省略すると「文字列（Type:=2）」を指定したことになります。

❸セル参照（Type:=8）

On Error GoTo 0 ステートメント

　On Errorステートメントによるトラップ機能は、マクロの終了と同時に自動的に無効になりますが、マクロの中で「これ以降のステートメントでエラーが発生することはあり得ない」、つまり「これ以降のステートメントで発生したエラーはバグである」というときには、On Error GoTo 0 ステートメントでトラップ機能を無効にします。

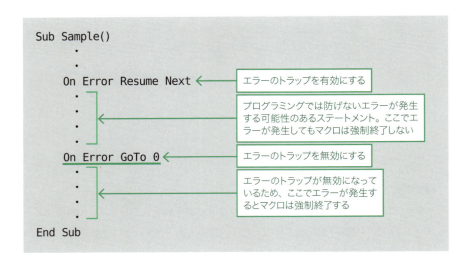

Resumeステートメント／Resume Nextステートメント

Resumeステートメントを引数なしで使うと、エラーの原因となったステートメントに制御が戻ります。引数に行ラベルまたは行番号を指定して、そのマクロ内の任意のステートメントから処理を再開することもできます。

また、エラーの原因となったステートメントの次のステートメントから処理を再開するときには、Resume Nextステートメントを使います。

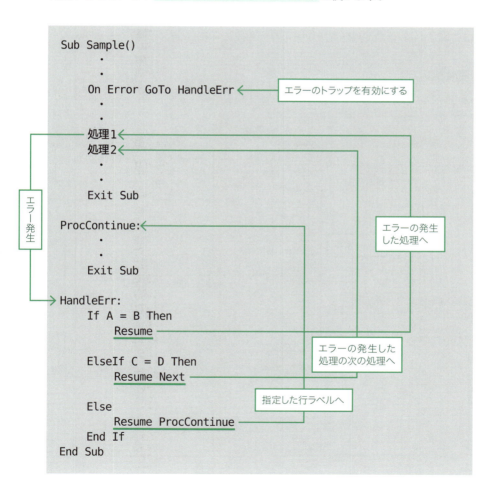

エラーを適切に処理する

エラー番号とエラー内容を調べる

すべてのエラーには、エラー番号とエラー内容が割り当てられていますので、番号に応じて処理を分岐したり、エラー内容を明示したりという処理が可能です。

ポイント Err.Number と Err.Description

すべてのエラーには、エラー番号とエラー内容が割り当てられています。これは、図9-10のような単純な実行時エラーを発生させることで確認できます。

図9-10

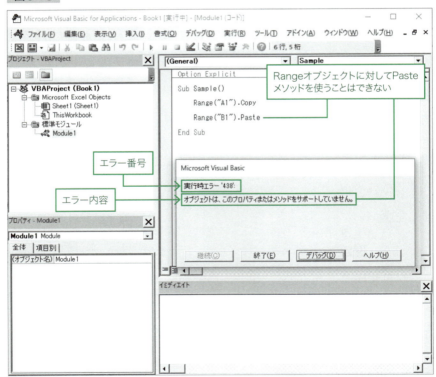

Excel VBAでは、このエラー番号とエラー内容は、Errオブジェクトに格納される仕組みになっています。そして、Numberプロパティの値を調べればエラー番号が、Descriptionプロパティの値を調べればエラー内容がわかります。

Err.Number	エラー番号
Err.Description	エラー内容

つまり、「Err.Number」というステートメントでエラー番号を取得すれば、番号に応じた処理分岐が可能となるのです。

また、エラー内容を明示したいときには「Err.Description」というステートメントを記述すればよいのです。

では、サンプルブック〔9-C.xlsm〕の「Sheet3」で、セルB1には「0以外の数字」を、そしてセルB2に「0」を入力してマクロを実行してください。

図9-11のようにエラー番号とエラー内容がメッセージボックスに表示され、「商（セルB3の値）」は仮の計算結果として「0」となることを確認してください。

図9-11

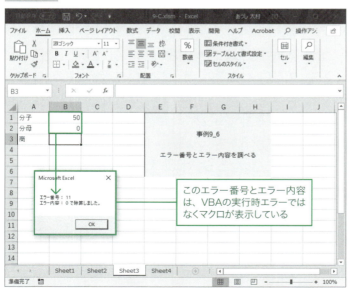

このエラー番号とエラー内容は、VBAの実行時エラーではなくマクロが表示している

エラーを適切に処理する

それでは、この処理を実行しているマクロをご覧ください。

事例9_6　エラー番号とエラー内容を調べる
　　　　〔9-C.xlsm〕Module1

```
Sub 事例9_6()
    Dim myMsg As String

    Worksheets("Sheet3").Activate

    On Error GoTo HandleErr

    Range("B3").Value = Range("B1").Value / Range("B2").Value

    Exit Sub

HandleErr:
    myMsg = "エラー番号: " & Err.Number & vbCrLf & _
        "エラー内容: " & Err.Description
    MsgBox myMsg

    Range("B3").Value = 0
End Sub
```

> セルB2の値が「0」だったら
> 除算エラーが発生する

　なお、このマクロは、本来であれば「セルB2の値が『0』だったら除算しない」というプログラミングにするべきです。そうすれば、エラーをトラップする必要もありません。あくまでも、「Err.Number」と「Err.Description」を理解してもらうためのマクロと考えてください。

ONEPOINT **Errオブジェクトの Number プロパティの省略**

Number プロパティは、Err オブジェクトの既定のプロパティです。したがって、次のように Number プロパティを省略しても、エラー番号を取得することができます。

```
MsgBox "エラー番号: " & Err
```

もっとも、省略してもマクロの可読性が下がるだけですので、Number プロパティの省略はおすすめできません。

エラーの種類によって処理を分岐する

エラー番号とエラー内容を調べる方法がわかったところで、次は実践編としてエラーの種類によって処理を分岐してみましょう。ここまでできれば VBA のエラー処理は完璧といってもいいでしょう。

ポイント **Err.Number と Err.Description**

それでは、エラーの種類によって処理を分岐するマクロを紹介しましょう。ここでは、リムーバブルディスクのテキストファイルを Open ステートメントで開くさいに発生し得るエラーをあらかじめ想定して処理を分岐します。

なお、Excel ブックではなくテキストファイルを操作の対象としたのには理由があります。

というのも、Open メソッドで Excel ブックを開くときには、原因がなんであるにせよエラー番号 1004 のエラーしか発生しません。すなわち、「エラーの種類によって処理を分岐する」というテーマにふさわしくないのです。

「事例9_7」では、リムーバブルディスクのテキストファイルを開くさいに発生し得る次の7個のエラーを想定しています。

357

エラーを適切に処理する

エラー番号	エラー内容
52	ファイル名または番号が不正です。
53	ファイルが見つかりません。
55	ファイルは既に開かれています。
68	デバイスが準備されていません。
71	ディスクが準備されていません。
75	パス名が無効です。
76	パスが見つかりません。

事例9_7　エラーの種類によって処理を分岐する
〔9-C.xlsm〕Module1

```
Sub 事例9_7()
    Dim myDN As Variant, myFN As Variant
    Dim myPrompt As String, myMsg As String
    Dim myBuf As String

    MsgBox "ルートディレクトリにtxtファイルを準備してください" _
        & vbCr & "ファイル名は任意でかまいません"

InputDN:
    myPrompt = "ドライブ名を入力してください"
    myDN = Application.InputBox(Prompt:=myPrompt)
    If VarType(myDN) <> vbString Then Exit Sub

InputFN:
    myPrompt = "ファイル名を入力してください"
    myFN = Application.InputBox(Prompt:=myPrompt)
    If VarType(myFN) <> vbString Then Exit Sub

    On Error GoTo HandleErr

    Open myDN & ":¥" & myFN For Input As #1

    Do Until EOF(1)
        Line Input #1, myBuf
    Loop
```

```vba
        MsgBox "正常に処理が終了しました"
        Close #1

        Exit Sub

HandleErr:
    Select Case Err.Number
        Case 52, 53
            MsgBox Err.Description & vbCr & _
                "ファイル名を再入力してください"
            Resume InputFN

        Case 55
            MsgBox Err.Description
            Resume Next

        Case 68, 71
            MsgBox Err.Description & vbCr & vbCr & _
                "無効なドライブを指定しました" & vbCr & _
                "ドライブ名を再入力してください"
            Resume InputDN

        Case 75, 76
            myMsg = Err.Description & vbCr & _
                "原因を取り除いて処理を続行しますか"
            If MsgBox(myMsg, vbExclamation + vbYesNo) = _
                                                vbYes Then
                Resume
            Else
                Exit Sub
            End If
    End Select
End Sub
```

ファイルが見つからない、もしくは不正なファイルです。

ファイルは既に開かれています。

デバイス、もしくはディスクが準備されていません。

パス名が無効、もしくは見つかりません。

　指定したリムーバブルディスクのルートディレクトリから指定したテキスト
ファイルを開きます（図9-12）。正常にファイルを開くことができない場合は、
エラー番号に対応したそれぞれのメッセージが表示されます。

エラーを適切に処理する

図9-12

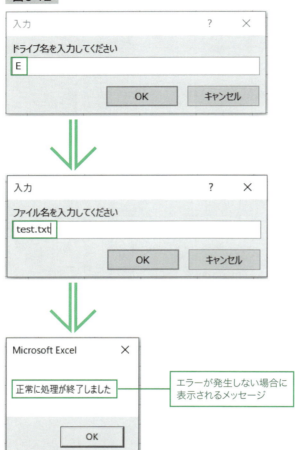

エラーが発生しない場合に表示されるメッセージ

> ⓞⓝⓔⓟⓞⓘⓝⓣ **「パス名が無効です」エラーへの対処**

p.358の表に示したように、エラー番号の「75」はパス名が無効のときに発生します。

では、「パス名が無効」とはどのような状況なのでしょうか。

これは、そもそもは「読み取り専用ファイル」に対して書き込みができないようにするためのエラーでした。

ですから、「会員.txt」が読み取り専用ファイルのときに、次のコードのようにOutputキーワードで「会員.txt」を開くと、「パス名が無効です」のエラーが発生します。

```
Open "C:\会員.txt" For Output As #1
```

図9-13

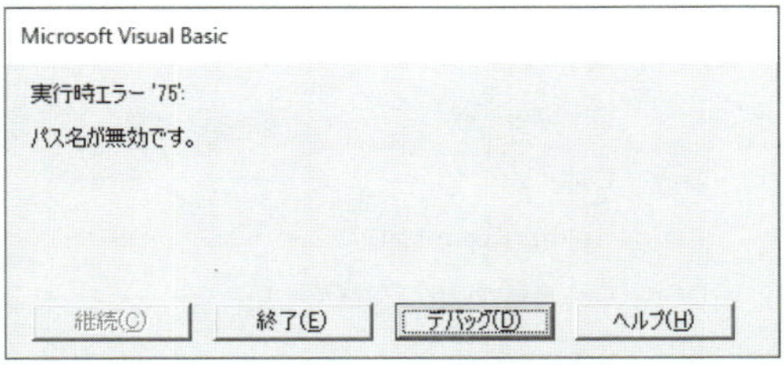

Microsoft Visual Basic

実行時エラー '75':

パス名が無効です。

| 継続(C) | 終了(E) | デバッグ(D) | ヘルプ(H) |

しかし、Windows 7やWindows 10などでは、セキュリティ機能の1つであるユーザーアカウント制御によってアクセスが制限されて「パス名が無効です」のエラーが発生するケースのほうが圧倒的に多くなっています。

したがって、「パス名が無効です」エラーが発生したら、Windowsのユーザーアカウント制御を真っ先に疑ってください。とくに、Windows 10の初期設定ではCドライブ直下のファイルは書き込みができない可能性が高いので注意してください。

索 引

記号・演算子

＊	104, 106, 110, 279, 317
？	104, 110, 317
＠	27
＇	27, 106, 294, 330
#N/A	40, 350
＋演算子	77, 78
&演算子	33, 77, 78
￥演算子	154

数字・アルファベット

2次元配列	217, 219, 220, 223, 224
2次元配列の要素	219
ActiveWorkbookプロパティ	134
AddItemメソッド	265
Addressプロパティ	72
Addメソッド	139
Appendキーワード	301, 310
Applicationオブジェクト	40, 42, 43, 47, 79, 136
Array関数	93, 296, 297, 298, 311
Asc関数	248
Auto_Openマクロ	79
AutoFilterModeプロパティ	87, 94
AutoFilterオブジェクト	94, 114
AutoFilterメソッド	86, 87, 89, 91, 95, 97, 98, 109, 110
AutoTabプロパティ	242, 243
BottomRightCellプロパティ	37
ByRefキーワード	335, 336, 337
ByValキーワード	337, 341
Calculationプロパティ	80
Callステートメント	331, 332, 340, 341
Cancelプロパティ	240, 241
Captionプロパティ	238, 253, 271
Cellsプロパティ	25, 219
Changeイベントプロシージャ	269, 271
ChDirステートメント	285, 319
ChDriveステートメント	285, 319
Chr関数	302, 303, 305, 310
ClearContentsメソッド	24
Clearメソッド	145, 265
Clickイベントプロシージャ	233, 237, 238, 254, 263, 265
Closeステートメント	303
CodeName	189, 190
Colorプロパティ	148
ColumnCountプロパティ	257
ColumnWidthプロパティ	257
Copyメソッド	102, 224
COUNTIF関数	215, 216
Countプロパティ	32, 139, 149, 154
CSV形式	288, 292, 307, 310, 311
CurDir関数	285, 319
CurrentRegionプロパティ	102, 149, 150, 154
DataSeriesメソッド	145, 146
DateAdd関数	65
DateDiff関数	63, 64
DateSerial関数	57, 60
Date関数	64, 66
Day関数	58, 60

Debugオブジェクト	163	FindNextメソッド	71, 72
Defaultプロパティ	240, 241	Findメソッド	39, 67, 68, 71, 72, 73, 75
Deleteメソッド	142	For Each...Nextステートメント	143, 211, 225
Descriptionプロパティ	355, 356	For...Nextステートメント	47, 148, 212, 224, 225
Dialogsプロパティ	276	FreeFile関数	304, 306
Dir関数	315, 316, 317, 319	FullNameプロパティ	161
DisplayFormulaBarプロパティ	168	GetAttr関数	320
DisplayFormulasプロパティ	166	GetOpenFilenameメソッド	279, 280, 281, 282
DisplayGridlinesプロパティ	168	GetSaveAsFilenameメソッド	282, 283
DisplayPageBreaksプロパティ	172	Gotoメソッド	130
DisplayStatusBarプロパティ	169	HasFormulaプロパティ	54
Do...Loopステートメント	72	Hiddenプロパティ	166
Enabledプロパティ	239	Hideメソッド	236
EnableEventsプロパティ	49, 79	Hour関数	58
Endステートメント	30, 342, 344	IMEModeプロパティ	245
Endプロパティ	28, 29, 30	Initializeイベントプロシージャ	231, 232, 269
EnterKeyBehaviorプロパティ	247	Input #ステートメント	302, 303, 306, 310, 314
EntireRowプロパティ	124, 150	InputBoxメソッド	350, 351
EOF関数	303	Insertメソッド	150
Eraseステートメント	225	Interiorプロパティ	148
Errオブジェクト	355, 357	IsDate関数	51, 52
Exit Subステートメント		IsError関数	54
	43, 72, 327, 342, 347, 349	IsNumeric関数	50, 52
Exitイベント	249	Is演算子	68, 71, 74, 347
FileCopyステートメント	320	KeyDownイベント	248
FileDateTime関数	317, 319	KeyPressイベント	248
FileDialogプロパティ	283	KeyUpイベント	248
FileLen関数	317, 319	Killステートメント	316, 317, 320
FilterModeプロパティ	94	LargeChangeプロパティ	270, 271
FindFileメソッド	281, 282	LBound関数	108, 109

363

索引

Like演算子 ···················· 109, 110, 215

Line Input #ステートメント ········· 305, 306, 314

ListCountプロパティ ····················· 263

ListIndexプロパティ ················ 258, 263

Lockedプロパティ ······················ 122

LTrim関数 ····························· 34

MATCH関数 ··············· 39, 40, 41, 42

MaxLengthプロパティ ··········· 242, 243

Maxプロパティ ················268, 269, 271

Minute関数 ·························· 58

Minプロパティ ················268, 269, 271

MkDirステートメント ·················· 320

Month関数 ······················· 58, 60

MsgBox関数 ········· 77, 162, 163, 330, 341

MultiLineプロパティ ···················· 247

MultiSelectプロパティ ··········261, 262, 263

Namesコレクション ···················· 143

Nameオブジェクト ···················· 142

Nameステートメント ··············· 311, 320

Nameプロパティ ···············77, 139, 141

Nothingキーワード ········· 68, 71, 74, 347, 349

Not演算子 ························· 166

NumberFormatプロパティ ················ 27

Numberプロパティ ················· 355, 357

Objectキーワード···················· 70

Offsetプロパティ ··················· 28, 30

On Error GoTo 0ステートメント ········· 40, 352

On Error GoToステートメント ········· 345, 346

On Error Resume Nextステートメント ···············

················· 40, 347, 349, 350

OpenTextメソッド ··

····· 292, 293, 294, 295, 298, 299, 300, 311

Openステートメント ···

········· 301, 302, 303, 304, 310, 357

Option Base 1ステートメント ·····219, 224, 302

Option Explicitステートメント ············ 178

Outputキーワード ········· 301, 309, 310, 361

PasswordCharプロパティ··········· 246, 247

Pathプロパティ ···················· 292, 304

Phoneticsコレクション ···················· 170

Preserveキーワード ···················· 108

Print #ステートメント ················ 312, 314

Printメソッド ························ 163

Privateキーワード ········· 181, 182, 333, 334

Protectメソッド ······················· 122

QueryCloseイベントプロシージャ ······· 232, 234

Quitメソッド ························ 136

ReDimステートメント ·················· 108

RemoveDuplicatesメソッド ··········· 44, 46

RemoveItemメソッド ·················· 265

ReplaceFormatオブジェクト ·········· 144, 145

Replaceメソッド ················33, 34, 144

Replace関数 ······················ 35, 36

Resume Nextステートメント ·············· 353

Resumeステートメント ··················· 353

RmDirステートメント ·················· 320

RowSourceプロパティ ··········· 255, 256, 257

Rowsプロパティ ···············32, 149, 154

RTrim関数 ·························· 34

SaveAsメソッド ···················· 283, 307

364

Savedプロパティ ……………………………… 136

ScreenUpdatingプロパティ …………… 47, 49

ScrollAreaプロパティ …………………… 128

ScrollColumnプロパティ……………… 129, 130

ScrollRowプロパティ ………………… 129, 130

Second関数 …………………………………… 58

SelectedItemsプロパティ ……………… 284

Selectedプロパティ ……………………… 263

SetAttrステートメント…………………… 320

Setステートメント …………… 69, 70, 350, 351

Shapeオブジェクト ……………………… 37, 38

ShowAllDataメソッド …………………… 101

Showメソッド …… 235, 236, 277, 278, 283

SmallChangeプロパティ ………………… 271

Sortメソッド …………………………… 46, 325

SpecialCellsメソッド………… 102, 120, 123, 124

String型 …………………… 53, 219, 243, 351

SUBTOTAL関数 ……………… 112, 114, 115

SUMIF関数 ……………………………… 213, 214

SUM関数 ……… 74, 80, 81, 112, 113, 211, 212

TabStopプロパティ ……………………… 252

Textプロパティ ……… 243, 247, 258, 263, 269

ThisWorkbookプロパティ………… 134, 135, 161

TopIndexプロパティ …………………… 260, 261

TopLeftCellプロパティ ……………………… 37

Trim関数 ……………………………………… 34

TypeName関数………………………… 52, 53

UBound関数 …………………………… 108, 109

Unionメソッド …………………………… 71, 72

Unloadステートメント …………… 233, 234, 236

Valueプロパティ………………… 21, 23, 24, 27,
72, 243, 247, 253, 255, 263, 268, 269, 271

Variant ……………………………………… 222

VisibleRangeプロパティ ……………… 126, 127

Visibleプロパティ ……… 138, 139, 170, 238

VLOOKUP関数…………………………41, 42, 43

Windowオブジェクト ………………… 126, 129

Withステートメント …… 166, 168, 169, 170, 172

Workbook_BeforeCloseイベントプロシージャ …
……………………………………… 129, 190

Workbook_BeforePrintイベントプロシージャ……
……………………………… 186, 187, 188, 190

Workbook_NewSheetイベントプロシージャ………
……………………………………… 185, 186

Workbook_Openイベントプロシージャ …………
…………………………… 78, 79, 129, 180, 182

Workbook_SheetActivateイベントプロシージャ
………………………………………… 196

Workbookオブジェクト …………… 136, 183

Worksheet_Activateイベントプロシージャ………
……………………………………… 193, 196

Worksheet_BeforeDoubleClickイベントプロシージャ
………………………………………… 203

Worksheet_BeforeRightClickイベントプロシージャ
………………………………………… 204

Worksheet_Changeイベントプロシージャ ………
……………………………………… 197, 199

Worksheet_SelectionChangeイベントプロシージャ
………………………………………… 201

索引

WorksheetFunctionオブジェクト
······················ 40, 42, 43, 210, 212, 215
Write #ステートメント ···················· 308, 310
Year関数 ·· 58, 60
Zoomプロパティ ·· 132

あ行

アクティブセル領域 ··············· 102, 146, 149, 309
値渡し ········ 332, 335, 337, 338, 339, 340, 341
イベント ················· 79, 176, 178, 180, 181, 182,
　　183, 184, 185, 188, 191, 192, 193, 195,
　　196, 197, 200, 202, 204, 231, 232, 248
イベントプロシージャ ······················· 78, 176, 177,
　　179, 180, 181, 182, 185, 186, 188, 191,
　　193, 194, 195, 196, 197, 201, 232, 248
イミディエイトウィンドウ ·································
　　161, 162, 163, 212, 214, 216, 217, 219, 281
印刷 ダイアログボックス ···················· 277, 278
エラー処理ルーチン ························· 345, 347
エラー内容 ··························· 354, 355, 358
エラーのトラップ ················· 40, 42, 345, 346
エラー番号 ······ 354, 355, 357, 358, 359, 361
オブジェクト変数 ············· 68, 69, 70, 71, 72
オブジェクトモジュール ··························· 180

か行

改行コード ····················· 302, 303, 305, 310
カウンタ変数 ···················· 47, 149, 150, 154
可視セル ·· 102, 123
仮引数 ······································ 328, 329, 339

カレントドライブ ··························· 285, 293
カレントフォルダー ··············· 180, 284, 285, 293
キーコード ·· 248
既定のボタン ························· 239, 240, 241
キャリッジリターン ····················· 302, 303, 305
キャンセルボタン ····················· 239, 240, 241
行ラベル ······································· 346, 353
組み込みダイアログボックス ·········· 277, 278, 279
個人用マクロブック ····· 158, 159, 160, 161, 162
コマンドボタン ···················
　237, 238, 239, 240, 241, 253, 261, 263, 265
コントロール ········ 37, 182, 230, 231, 234, 235,
　　238, 239, 241, 242, 243, 250, 252, 255
コンボボックス ························· 251, 255, 265, 266

さ行

サブルーチン ·····························182, 185,
　　324, 325, 328, 329, 330, 331, 332, 334,
　　335, 336, 337, 338, 339, 340, 341, 342
算術演算子 ·· 78
参照渡し ····················· 335, 336, 337, 339
実引数 ············· 328, 329, 332, 339, 341
スクロールエリア ······················· 128, 129
スクロールバー ·······261, 268, 269, 270, 271, 272
スマートタグの削除 ··························· 291
静的配列 ·· 108
絶対参照 ·· 28
接頭辞 ·· 27
選択オプション ダイアログボックス ··········120, 121
総称オブジェクト型変数 ························· 70

相対参照 ……………………………………… 28

た行

タブオーダー …………………… 250, 251, 252

チェックボックス ………… 122, 178, 253, 254, 255

テキストファイルウィザード …………288, 292, 311

テキストボックス ………… 38, 242, 243, 244, 245,
　246, 247, 248, 249, 250, 269, 270, 350, 351

動的配列 ……………………………… 107, 108

トグルボタン ……………………………… 255

な行

長さ0の文字列………………… 21, 23, 24, 33

名前を付けて保存 ダイアログボックス …………
　…………………………………277, 282, 283

入力候補 ……………………………… 100

は行

配列の初期化 …………………………… 225

配列の要素数 ……………………… 107, 108

バリアント型 …………… 222, 224, 225, 243, 339

引数…………………………………………
　29, 30, 33, 36, 42, 44, 50, 51, 57, 63, 72,
　75, 87, 92, 95, 109, 122, 144, 185, 190,
　196, 203, 234, 248, 277, 281, 283, 292,
　295, 315, 328, 335, 340, 346, 350, 353

非自動再計算 …………………………… 80, 81

ファイルを開く ダイアログボックス …………………
　…… 179, 180, 276, 279, 280, 281, 282, 288

フォーカス………………………………239, 240,
　241, 242, 243, 245, 250, 252, 262, 263

プレースホルダー文字 ……………………… 246

ま行

モーダル………………………………… 235

モードレス……………………………… 235

文字コード ……………… 248, 249, 302, 319

文字列連結演算子 …………………… 33, 78

戻り値 …… 53, 243, 278, 279, 283, 341, 350, 351

や行

ユーザーフォーム ………………… 182, 230, 231,
　232, 233, 234, 235, 236, 238, 239, 240,
　241, 242, 244, 249, 250, 251, 252, 253,
　256, 261, 264, 266, 269, 270, 271, 272

ら行

リストボックス ………………… 88, 158, 255,
　256, 257, 258, 260, 261, 262, 264, 265

わ行

ワイルドカード ………… 104, 106, 109, 317, 3?

著者紹介

大村 あつし（おおむら・あつし）

VBAを得意とするテクニカルライターであり、20万部のベストセラー『エプリ リトル シング』の著者でもある小説家。Excel VBAの解説書は30冊以上出版しており、その解説のわかりやすさと正確さには定評がある。過去にはAmazonのVBA部門で1〜3位を独占し、同時に上位14冊中9冊を占めたこともあり、「今後、永遠に破られない記録」と称された。

1997年にその後国内最大級に成長することになるMicrosoft Officeのコミュニティサイト「moug.net」をたった一人で立ち上げた経験から、徹底的に読者目線、初心者目線で解説することを心がけている。また、VBAユーザーの地位の向上のために、2003年には新資格の「VBAエキスパート」を創設。

主な著書に『かんたんプログラミング Excel VBA』シリーズ、『Excel VBA 本格入門』『いつもの作業を自動化したい人のExcel VBA 1冊目の本』（いずれも技術評論社）、『マルチナ、永遠のAI。』（ダイヤモンド社）など多数。静岡県富士市在住。

Excel VBA で本当に大切な
アイデアとテクニックだけ集めました。

2019年6月1日　初版　第1刷発行

カバーデザイン■bookwall
カバーイラスト■はしゃ
本文デザイン+レイアウト■矢野のり子+島津デザイン事務所

著　者　　大村 あつし
行　者　　片岡 巌
　所　　　株式会社技術評論社
　　　　　東京都新宿区市谷左内町 21-13
　　　　　電話　03-3513-6150　販売促進部
　　　　　　　　03-3513-6166　書籍編集部
　　　　日経印刷株式会社

示してあります。

部を著作権法の定める範囲を超え、無断で
ープ化、ファイルに落とすことを禁じます。

ura

りますが、万一、乱丁（ページの乱
ございましたら、小社販売促進部ま
目にてお取り替えいたします。

3055

本書の運用は、お客様ご自身の責任と判断によって行ってください。本書に掲載されているサンプルマクロの実行によって万一損害等が発生した場合でも、筆者および技術評論社は一切の責任を負いかねます。
本書の内容に関するご質問は封書もしくはFAXでお願いいたします。弊社のウェブサイト上にも質問用のフォームを用意しております。
ご質問は本書の内容に関するものに限らせていただきます。本書の内容を超えるマクロの作成方法などにはお答えすることができません。また、自作されたマクロの添削なども対応いたしかねます。あらかじめご了承ください。

〒162-0846
東京都新宿区市谷左内町 21-13
（株）技術評論社　書籍編集部
『Excel VBAで本当に大切な
　アイデアとテクニックだけ集めました。』
質問係
FAX…03-3513-6183
Web…https://gihyo.jp/book/2019/978-4-
　　　297-10575-4